钍铀燃料循环与钍基熔盐堆发展研究

张　明　郭帮杰　等　编著

中国原子能出版社

图书在版编目（CIP）数据

钍铀燃料循环与钍基熔盐堆发展研究 / 张明等编著. 北京 ：中国原子能出版社，2025. 3. -- ISBN 978-7-5221-3807-7

Ⅰ. TL249；TL426

中国国家版本馆 CIP 数据核字第2025HK6837号

钍铀燃料循环与钍基熔盐堆发展研究

出版发行 中国原子能出版社（北京市海淀区阜成路 43 号 100048）
责任编辑 胡晓彤 尚佳艺
责任校对 刘 铭
责任印制 赵 明
装帧设计 侯怡璇
印　　刷 北京厚诚则铭印刷科技有限公司
经　　销 全国新华书店
开　　本 787 mm×1092 mm 1/16
印　　张 5.5　　　**字　　数** 78 千字
版　　次 2025 年 3 月第 1 版 2025 年 3 月第 1 次印刷
书　　号 ISBN 978-7-5221-3807-7　　　**定　　价** **98.00 元**

发行电话：010-68452845　

主要参与人员

张　明　郭帮杰　李言瑞　李林蔚
刘　达　陈　超　刘　秀　姜　衡
孔祥银　钱　坤　刘洪军　葛维维
尹　超

前　言

钍（Th），原子序数 90，锕系元素，是自然界存在的放射性元素。天然放射性同位素^{232}Th 可以转化为易裂变核素^{233}U，是重要核能资源。目前钍基核能利用研究已经进行了近 60 年，中国、德国、印度、加拿大、日本、荷兰、比利时、挪威、巴西、英国和美国等多国开展了基础研发工作，设计了多种钍燃料反应堆。2023 年 6 月 7 日，我国甘肃钍基熔盐实验堆获取运行许可证，于 2024 年加钍成功运行并测试到新产生的^{233}U，进一步验证了钍基核能开发利用的技术可行性。

本书调研了全球钍资源分布情况、钍的特征、钍的核能开发利用情况、钍铀燃料循环优势与挑战、熔盐堆的优势与挑战等相关资料，综合分析评估钍铀燃料循环和钍基熔盐堆的发展前景，形成初步认识：

1. 全球钍资源丰富，国际原子能机构和世界核协会统计显示，全球已知钍资源主要分布于 20 多个国家，可回收成本低于 80 美元/千克的探明、控制、推断级的钍资源总储量为 622.5 万～635.5 万吨。

2. ^{232}Th 通过中子俘获和 β 衰变，可以转换为易裂变的^{233}U，具备技术可行性和工程可行性。^{233}U 具有较好的中子学特性，^{232}Th 可以在热堆和快堆中进行增殖。

3. 钍铀燃料循环发展的优势在于钍资源量、$^{232}Th/^{233}U$ 的转换效率、产生的高毒性放射性核素、防核扩散及燃耗方面；同时，钍基燃料对已有的各种堆型适应性较好。但钍铀燃料循环发展也存在很多挑战，主要是钍基氧化物燃料制造对温度要求较高、后处理工艺更复杂、对辐射防护要求更高、经济性不明显、仍存在很多工程技术未完全突破。

4. 基于熔盐的特征，熔盐堆具有系统热效率高、中子经济性好、固有安全特性、燃料利用率高、核废物量及其毒性的最小化等优势。但是熔盐堆还存在一些技术难点需要攻克。

5. 钍基熔盐堆核能系统仍需验证经济可行性。全球钍基熔盐堆设计、建造和运行经验很少，其经济性等还需验证。

6. 铀钚燃料循环是核燃料循环的主流路线，钍铀燃料循环技术有待成熟。目前尚无国家对钍铀燃料循环进行过全面、系统和较大规模的研究开发，与相对成熟的铀钚燃料循环体系相比，钍铀燃料循环的研究开发尚不成熟，离工业化应用尚有距离，需持续开展科研与验证工作。

研究过程中，李晓明、雷增光、尹卫平、林森、毋涛、王黎明、孙礼亚、钱天林、侯惠群、范洪海、刘康、张海燕、喻宏、苏罡等行业专家提出了大量的宝贵意见，在此表示感谢。

钍铀燃料循环与钍基熔盐堆具有很强的专业性，国际国内研究资料偏少，加之编写组专业水平有限，错误在所难免，敬请读者斧正。

目录

第1章 钍资源状况

钍在地壳中比铀丰富，其地壳元素丰度约为铀的 3～4 倍，平均含量为 10×10^{-6}～12×10^{-6}。在自然界中，钍的独立矿物主要是钍石（$ThSiO_4$）和方钍石（ThO_2）；其他几种矿物，如独居石、钛铀矿、铀钍石、铀方钍石、方铈石和含钍沥青铀矿等也含有钍。独居石中含钍 5%～12%（最高可达 28%），是主要的含钍矿物。另外，钍常与铀或稀土元素共伴生。

1.1　世界钍资源分布

世界钍资源非常丰富，曾进行过钍矿勘查和有过钍矿记载的国家有 40 多个，已经过经济评价钍资源量的国家有 20 多个。国际原子能机构（IAEA）2019 年钍资源矿产及资源量报告和世界核协会统计资料显示，全球已知钍资源主要分布在 20 多个国家，可回收成本低于 80 美元/千克的探明控制及推断钍资源量为 622.5 万～635.5 万吨，而同回收成本的铀资源量小于 200 万吨；按确实可靠资源、推断资源、已查明资源和预测资源分类统计，世界钍资源总量为 360 万吨，大约为上一数据的 60%。其中印度、巴西、澳大利亚和美国钍资源最为丰富，共拥有近 267 万吨，占全球钍资源量的近 42.6%；埃及、土耳其、委内瑞拉、加拿大、俄罗斯、南非和中国等国钍资源量均多于 10 万吨，具体储量数据如表 1-1 所示。

表 1-1 世界各国及地区探明、控制、推断级钍资源储量

（可回收成本小于 80 美元/千克）

区域，总量/吨	国家和地区	钍资源量/吨	区域，总量/吨	国家和地区	钍资源量/吨
欧洲，713 000～727 000	土耳其	374 000～381 000	北美洲，767 000	美国	595 000
	挪威	87 000		加拿大	172 000
	格陵兰（丹麦）	86 000～93 000	南美洲，980 300	委内瑞拉	324 000
	芬兰	60 000		巴西	632 000
	俄罗斯欧洲部分	55 000		秘鲁	20 000
	瑞典	50 000		乌拉圭	3 000
	法国	1 000		阿根廷	1 300
亚洲，2 520 500～2 525 500	独联体(除俄罗斯)	1 400 000	非洲，649 100	埃及	380 000
	印度	846 500		南非	148 000
	中国	＞100 000		摩洛哥	30 000
	俄罗斯亚洲部分	＞100 000		尼日利亚	29 000
	伊朗	30 000		马达加斯加	22 000
	马来西亚	18 000		安哥拉	10 000
	泰国	10 000		莫桑比克	10 000
	越南	5 000～10 000		马拉维	9 000
	韩国	6 000		肯尼亚	8 000
	斯里兰卡	4 000		刚果	2 500
	孟加拉	1 000		利比里亚	600
大洋洲，595 200	澳大利亚	595 200		—	—

注：土耳其自称为欧洲国家，但其大部分国土面积处于亚洲。

在俄罗斯亚洲部分和中国钍资源量以最少 10 万吨计的情况下，全球预测钍资源量为 624.28 万吨。除南极洲外，其余六大洲中亚洲以 252.55 万吨居首位，约占全球 40.45%；南美洲 97.9 万吨居第二，约占全球 15.68%；北美洲 76.7 万吨，约占全球 12.29%；欧洲

72.7 万吨，占全球 11.65%；非洲 64.91 万吨，约占全球 10.40%；大洋洲 59.52 万吨，约占全球 9.53%，如图 1-1 所示。

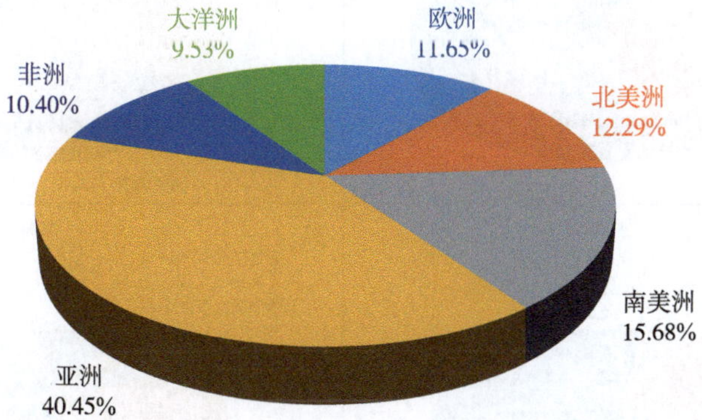

图 1-1　世界各大洲钍资源占比情况

在欧洲，土耳其钍资源储量为首位，约 37.4 万吨，占欧洲总量一半以上；在美洲，钍资源大国比较多，10 万吨以上有巴西、美国、委内瑞拉和加拿大，该四国钍资源量占美洲总量的 97.24%；在非洲，仅有埃及和南非拥有 10 万吨以上的钍资源，两国钍资源量占非洲钍资源总量的 81.34%；在亚洲，中国和俄罗斯亚洲部分的钍资源量预测值都在 10 万吨以上，独联体（除俄罗斯）钍资源量达到了 140 万吨，其中哈萨克斯坦大于 5 万吨、乌兹别克斯坦 5～10 万吨，印度则是以 84.65 万吨居全球各国首位，各国钍资源在其所在大洲占比情况如图 1-2 所示。

1.2　钍资源区域概况

1.2.1　亚洲国家

钍资源大国中，印度以海滩和内陆沉积砂矿型钍资源为主，独居石矿非常丰富，已探明的资源量约为其钍资源总量的 58%，其中

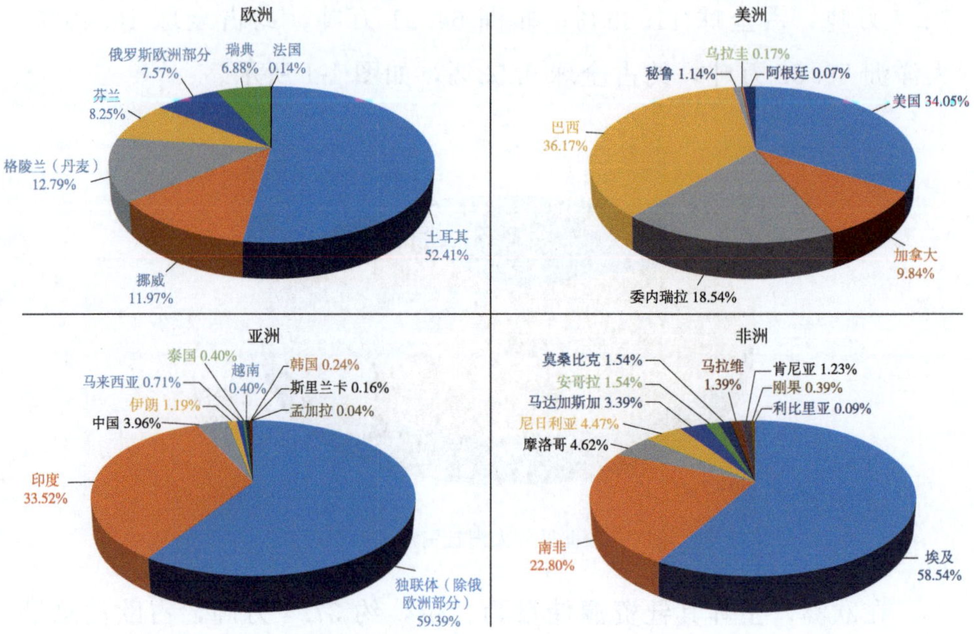

图 1-2　各国钍资源在其所在大洲占比情况

68%为海滩砂矿，推断和推测的钍资源有 2/3 处于海滩沉积物中。

《2020 年铀：资源、生产和需求》（以下简称为“2020 年铀红皮书”）显示，泰国 2017 年非常规预测钍资源量为 216 940 吨，至 2018 年新增至 291 520 吨。但根据 IAEA 2019 年钍资源报告，推测泰国钍资源量仅 10 000 吨，其余钍资源数据待进一步核实。

俄罗斯亚洲地区回收成本小于 80 美元/千克钍资源探明储量大于 10 万吨，钍矿化主要与碳酸岩和碱性侵入岩中的多元素矿化有关。

1.2.2　欧洲国家

IAEA 早期的红皮书报告认为土耳其探明的钍资源量为 34.4 万吨，预测资源量为 40 万吨，为碳酸岩侵入形成的与稀土矿伴生的钍矿化；近年在安塔利亚北部发现低品位砂矿型钍矿化，钍资源量约 3.7 万吨。

挪威钍资源量在不同机构报告中出入较大，最高的有 32 万吨，但 IAEA 评估为 8.7 万吨。2020 年铀红皮书显示，乌克兰上报的推测钍资源量为 251 669 吨，如表 1-2 所示，但 IAEA 2019 钍资源报告和世界核协会则未统计这个数据，因此该数据需进一步核实。

表 1-2　乌克兰钍矿类型及推测资源量

矿床类型	钍资源量/吨（原地）
花岗岩相关类型	53 940
碱性岩型	37 037
热液交代型	150 439
变质岩型	10 253
合计	251 669

1.2.3　北美洲国家

根据《2009 年铀：资源、生产和需求》（以下简称为“2009 年铀红皮书”），加拿大报告了 4.4 万吨的探明钍资源量和 12.8 万吨的预测钍资源量，主要存在于布兰德河—埃利奥特湖中受热液活动影响的砾岩、安大略省和中央变质沉积带（格林威尔省）伟晶岩，以及魁北克省奥卡地区碳酸岩中，其中伟晶岩和碳酸岩中的钍资源经济性较差。

2009 年铀红皮书中提到，美国低成本钍资源（低于 80 美元/千克）探明资源量为 12.2 万吨，相同成本推断资源量为 27.8 万吨，潜在资源量为 27.4 万吨。钍资源以脉岩型为主，约 347 435 吨，占总量的 80%左右。其他类型如内陆砂矿和海滩砂矿约 2.51 万吨，潜在资源量为 2.95 万吨；碳酸岩中有 0.42 万吨经济性及 2 万多吨非经济性钍资源；碱性侵入体中约含 0.35 万吨钍资源。

1.2.4 南美洲国家

巴西钍资源丰富，其中花岗岩型25.1万吨（探明量10万吨）、碳酸岩型约40万吨，其次为过碱性岩型和砂矿型。

委内瑞拉在1986年的评估报告显示有约30万吨钍资源，Greaves E D在2011年印度举行的世界钍资源大会上评估该国钍资源量为32.4万吨。

2017年一项关于阿根廷稀土元素和钍资源的研究报告显示，该国已评估和探明的钍资源包括普纳和科迪勒拉地区的29 000吨、Ⅲ河和Ⅴ河地区的大约1 110吨和Rodeo de los Molles地区的900吨。IAEA评估阿根廷回收成本低于80美元/千克的钍资源量为1 300吨。

1.2.5 非洲国家

埃及钍资源以砂矿型为主，砂矿型钍资源也是该国钍资源开发的主要类型。南非钍资源类型包括沿海砂矿型、岩脉型和碳酸岩型，其中沿海砂矿型约1.7万～1.8万吨。

1.2.6 大洋洲国家

澳大利亚钍资源量估算值为59.52万吨，其中砂矿型38.68万吨、脉岩型12.5万吨、碱性杂岩型5.09万吨、碳酸岩型3.05万吨、其他类型0.2万吨。

1.3 我国钍资源情况

1.3.1 我国钍资源量现状

据核工业北京地质研究院初步调查，我国钍资源较为丰富，已查明钍资源量远大于20万吨，潜在资源量超50万吨，远超世界核协会统计的数据。

我国岩浆型和热液型钍资源潜力最大。此类钍资源往往与铀、稀有、稀土等矿产资源共伴生。热液型钍资源方面，我国已查明并公布的稀土相关钍资源量为 22.7 万吨（白云鄂博稀土矿、四川冕宁和山东微山湖的氟碳铈矿），其中，白云鄂博稀土矿含 22.1 万吨。江西相山西部铀钍矿床是另一处比较重要的热液型钍矿，但钍资源量未查明。岩浆型钍资源特点是规模大、品位低、埋藏浅、矿化均匀，通常整个岩体都是矿，但品位较低，如辽宁赛马矿、云南普雄矿、牦牛坪木落寨矿和内蒙古八〇一矿床等。

沉积砂矿型钍资源是我国重要的钍资源类型之一。沉积砂矿型钍资源开采成本非常低，其最主要的类型就是独居石砂矿型钍资源。我国独居石砂矿型钍资源分布广、储量大，是重要的钍资源类型之一。

1.3.2 钍提取技术进展

根据钍资源的赋存形式，国内形成了多套钍萃取技术工艺流程，但都处于基础实验阶段，正在向中试阶段迈进。

热液型钍资源典型矿床为白云鄂博稀土矿，主要含钍矿物为钍石、方钍石及铁钍石等独立钍矿物。国内许多研究院所、稀土企业针对白云鄂博地区稀土矿中钍的提取技术开展了部分工作，研发出氧化镁固氟氯化焙烧工艺、氧化钙焙烧工艺等。内蒙古包钢稀土集团和中科院长春应化所合作研发出浓硫酸低温焙烧＋伯铵萃钍＋P204 全萃＋P507 萃取转型生产氯化稀土的流程，并进行了小型工艺实验。岩浆型钍资源典型矿床为赛马矿床，主要以类质同像方式存在于绿层硅铈钛矿，少量存在于钍石中。由于矿石品位低，核工业北京化工冶金研究院采用离子交换和溶剂萃取联合工艺流程或矿浆萃取法，然后经过多次洗涤尾矿渣，降低尾矿渣的钍品位，从而达到回收钍的目的。

沉积砂矿型钍资源以独居石砂矿型钍资源为主，一般萃取工艺是首先通过碱分解将独居石分解为“碱饼”，其次用盐酸优溶形成“优溶渣”，最后通过硝酸法、硫酸法或盐酸法获得钍产品。核工业北京化工冶金研究院开辟了“矿浆吸附提铀－沉淀法沉钍－结晶法制备氯化稀土”的工艺路线，能够实现稀土、铀及钍资源的综合利用。

1.3.3 钍资源利用现状

目前，钍主要应用于制造灯纱罩、紫外线光电管、高强度合金和高透玻璃等，市场需求量很小。

钍基熔盐堆、钍核电池等核能应用领域对钍的需求量相对较大，但技术开发难度大，特别是钍基熔盐堆对钍的大规模利用至少在数十年后。因受技术条件限制，目前国内外未能实现钍燃料规模化应用。

我国早期的白云鄂博矿主要开采目标为铁矿，对稀土和钍资源开发利用缺乏统筹谋划。后来稀土得到了综合利用，而钍资源由于国内市场较小，导致其大量存在于尾矿坝、废渣堆中。

第2章 钍的特征及世界钍基核能利用情况

2.1 钍、铀物理特征

可应用于核裂变能的易裂变材料主要有^{235}U、^{239}Pu 和^{233}U，其中只有^{235}U 是天然存在的（天然铀中^{235}U 的丰度约为 0.71%）。^{239}Pu 可以由^{238}U 通过俘获中子后再经过一系列的 β 衰变得到。

^{233}U 则可以由天然钍（^{232}Th）与其他易裂变核素，如^{239}Pu 或^{235}U一起使用，俘获中子后再经过一系列 β 衰变获得。

2.1.1 钍铀燃料循环和铀钚燃料循环

^{232}Th 通过中子俘获和 β 衰变，可以转换为易裂变的^{233}U。在反应堆中，易裂变核^{235}U 或^{239}Pu 在裂变过程中释放的中子照射^{232}Th，使之转换为易裂变的^{233}U。生成的^{233}U 参与裂变，便形成^{232}Th→^{233}U 燃料循环，或称钍铀燃料循环，钍/铀循环核反应链如图 2-1 所示。

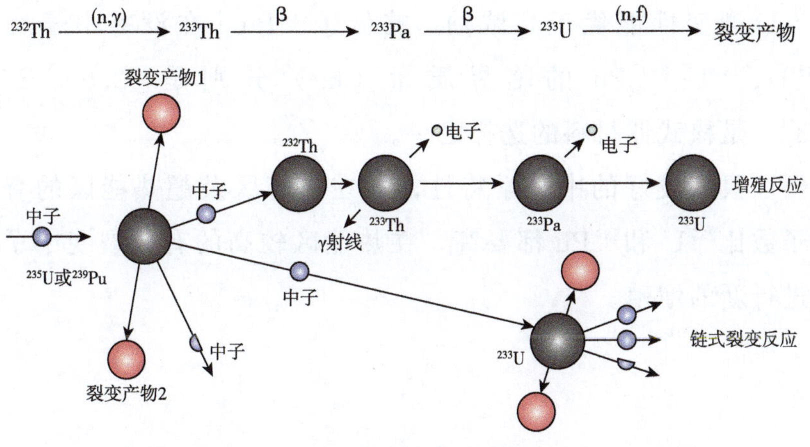

图 2-1 钍/铀循环核反应链

2.1.2 ^{233}U 与 ^{235}U、^{239}Pu 核反应特性比较

^{233}U 和 ^{235}U、^{239}Pu 一样，都是易裂变核素，具有易裂变核素相关物理特性。表 2-1 列举了这 3 种元素的核反应特性。

表 2-1　钍、铀、钚重要同位素的核反应特性

同位素		热中子（0.025 eV）			快中子（>100 eV）		
		俘获截面/barn	裂变截面/barn	平均二次中子数	俘获截面/barn	裂变截面/barn	平均二次中子数
可转换核素	^{232}Th	7.4	0	—	0.38	0.01	—
	^{238}U	2.7	0.311±0.006	—	0.33	0.04	—
易裂变核素	^{233}U	45.76	528.5	2.28	0.27	2.73	2.5
	^{235}U	98.68	585.1	2.07	0.56	1.90	2.3
	^{239}Pu	270.33	747.4	2.11	0.50	1.80	2.9

2.1.3 ^{233}U 用途

^{233}U 可制成金属、氧化物及其他化合物形式燃料，可用于核能核动力领域，如核武器、核能和核动力等。

^{233}U 裂变性能优于高浓铀，略低于 ^{239}Pu [在没有中子反射层时，^{235}U、^{233}U、^{239}Pu 的临界质量（kg）分别是 52.00、17.42、11.93]，是核武器材料的选择之一。

^{233}U 具有较好的中子学特性，它在热能区及超热能区的有效裂变中子数比 ^{235}U 和 ^{239}Pu 都要高，在热能区较高的有效裂变中子数也可以进行新的增殖。

2.2 世界各国钍资源开发利用情况

2.2.1 印度

由于印度国内钍资源储量丰富，为确保该国长期能源独立战略，印度核计划先驱者霍米·巴巴为印度制订了一个分 3 个发展阶段的核能发展计划。

1. 第一阶段为发展以天然铀为燃料的加压重水堆（PHWR），或者以低浓铀为燃料的轻水堆，发电并生产钚。

2. 第二阶段为通过对第一阶段的乏燃料进行后处理以获取钚，用钚燃料为快堆装料，在快堆增殖层辐照钍，生产^{233}U。

3. 第三阶段为将快堆产出的^{233}U 与钍混合后，在先进重水堆中燃烧，并实现^{232}Th/^{233}U 闭式循环。

20 世纪 70 年代印度成功研发以铀为燃料的加压重水堆（PHWR），此后研发就一直停留在第二阶段，许多年来都没有大的进展。原计划于 2010 年投入使用的 500 MWe 原型增殖快堆（PFBR）由于资金及技术问题，截至 2024 年底仍未投运。

印度核能计划第三阶段的主力堆型先进重水反应堆（AHWR）目前已经完成工程设计，该反应堆以（Th，^{233}U）MOX 和（Th，Pu）MOX 为燃料，以轻水为冷却剂，以重水为慢化剂，固有安全特性较好。同时，印度还研究其他使用钍燃料的堆型，并计划将钍燃料用于 600 MWt 创新高温反应堆（IHTR），其目的是通过裂解水生产氢，从而减少印度对原油进口的依赖。在印度核能计划的第三阶段，预计将大规模部署熔盐增殖反应堆（MSBR）。这种类型的反应堆采用熔融盐形式的 U-Th 燃料，并提供在线后处理，为印度核能计划的第三阶段提供了一个很有吸引力的选择。

基于本国核能发展战略，印度已经在钍铀燃料循环利用的各个方面积累了大量的理论和实践经验。其主要研究活动如下。

1. CIRUS 反应堆：在 CIRUS 反应堆中连续辐照钍棒，积累了^{233}U，然后对这些钍棒进行后处理。

2. PURNIMA-Ⅱ（1984—1986 年）：1984 年，一个名为 PURNIMA-Ⅱ的^{233}U 燃料实验反应堆在 Trombay 投入使用，该堆使用 CIRUS 反应堆中生产的^{233}U 作为燃料，以轻水作为慢化剂，以 BeO 块作为反射层。本实验目的是验证^{233}U 的截面数据，获得操作^{233}U 燃料的经验。

3. PURNIMA-Ⅲ（1990—1993 年）：$^{233}U/Al$ 弥散燃料实验。用板状$^{233}U/Al$ 弥散燃料在 PURNIMA-Ⅲ中进行实验。采用锆锡合金为包壳的 BeO 罐作为反射层，测定了多项物理参数。

4. KAMINI 反应堆：1996 年，一个使用 U-Al 合金燃料的研究堆在英迪拉甘地原子研究中心（IGCAR）服役。目前，它是世界上唯一一个使用^{233}U 作为燃料的反应堆。

5. CIRUS 反应堆压水回路中的辐射实验：模拟在动力反应堆环境中，使用先进钍燃料在 CIRUS 专用工程回路中进行辐照。

6. 在 FBTR 的增殖区辐照钍组件：54 个钍组件作为径向增殖层被装载到 FBTR 中。

7. 基于^{233}U 的原型快中子增殖反应堆（PFBR）燃料辐照试验：制造了 PFBR 型 MOX 试验组件，并在 FBTR 中进行了辐照试验。

在钍铀燃料循环中，一个值得关注的重要同位素^{232}U 是由^{233}Pa 和^{233}U 通过（n，2n）反应生成的。^{232}U 的半衰期约为 69 年。^{232}U 的子体具有较强的 γ 辐射，这一特性使钍燃料具有天生的防核扩散能力，但这也对^{233}U 的后处理和回收提出了技术挑战。印度正在研发激光分离技术，它可以通过分离^{232}U 来清洁^{233}U。同时，由于钍的惰性性质，燃料循环的后段具有特殊的挑战，主要的挑战是使其在乏燃料后处理操作期间能够溶解。

2.2.2 美国

20 世纪 60、70 年代美国在钍燃料应用方面的研究开发投入最大，并在商用堆上取得了使用钍燃料的经验，还成功研究了钍燃料后处理工艺（THOREX 流程）。

后处理方面，美国是最早开展钍基燃料后处理相关研究的国家，从 20 世纪 50 年代初到 80 年代末，ORNL 在其后处理设施（其内部代号为 3019）内开展了含 ^{233}U 的千克级钍基乏燃料后处理研究，研究开发了酸式 Interim-23 流程，该流程也是世界上首个应用于钍基乏燃料后处理的工艺流程，研究内容包括萃取剂开发及萃取性能研究、乏燃料溶解方法、化学分离工艺流程、^{233}U 从硝酸盐溶液到铀氧化物粉末及块状铀的产品转换等，累积处理了 35 吨 ThO_2 辐照燃料，共得到 50 千克 ^{233}U。之后，针对 Interim-23 流程只能单独回收 ^{233}U 的缺陷，ORNL 又提出了可同时回收铀、钍的 THOREX（Thorium Extraction）流程，后续对该流程进行了改进，美国的 ORNL、汉福特厂及萨瓦纳河后处理厂采用 THOREX 流程（包括酸式 THOREX 流程），累积提取了 1 000 千克以上的 ^{233}U。

2024 年 11 月，美国跨国处置库开发商 DeepGeo 与丹麦先进堆设计公司哥本哈根原子能公司签署合作协议，共同研究后者小型钍基熔盐堆的放射性材料和燃料需求。具体合作领域包括技术、燃料和废料特征分析，以及跨国处理、运输和处置方面的法律法规。

2.2.3 俄罗斯

俄罗斯 2012 年制订了一项到 2050 年的核电发展战略。这一发展战略中提到 2050 年快堆在核电总容量中的份额将达到 60%。在使用快堆的情况下，铀的消耗量比单纯使用热堆低，即在 2030 年投入使用的热堆寿命结束时，俄罗斯境内现有的铀资源可满足这一需求。到目前为止，俄罗斯还没有关于钍铀燃料循环的国家或工业方案。1999年，原俄罗斯原子能机构委托俄罗斯联邦国家科学中心（IPPE），就钍燃料循环问题组织开展一些理论及基础性的研究工作。

2.2.4 日本

日本实行推行铀钚燃料循环政策。同时，一些大学教授与一些日本原子能研究所（JAERI）的研究人员开展了未来核能中钍铀燃料循环的一些研究项目，这些项目于1993年结束，但此后仍继续进行了一些科研活动。

2010年，日本原子能委员会（JAEC）成立了一个专门委员会，旨在构建新的核能政策框架。福岛核事故后，日本核电建设已经停止，但钍铀燃料仍被讨论作为未来核燃料循环的替代选择之一。2013年，日本原子能学会成立了两个与钍燃料反应堆和钍铀燃料循环有关的研究工作组：一个是“熔盐核应用研究委员会”，该委员会是为了开展熔盐冷却堆、熔盐燃料堆和干式再处理等熔盐技术研究而成立的，分析熔融盐燃料系统目前的技术状况和问题；另一个是“轻水反应堆和快堆钍铀燃料应用工作组”，工作组的目的是总结固体形式的钍铀燃料在铀钚燃料循环中应用的现状和问题。

2.2.5 欧洲

法国认为如果钍铀燃料循环能够对解决当前和预期的一些重要问题产生影响，今后可以使用钍铀燃料循环来对铀钚燃料循环进行补充。尽管从长远来看钍资源丰富，但它在未来的十几年里只会产生较小的影响。自1969年以来，CEA和EDF对钍铀燃料循环进行了各种研究。在减少废物、节约资源和燃烧钚的框架内评估了压水堆中的钍铀燃料循环。

德国过去是钍燃料的倡导者之一。它在很长一段时间内集中在 Juelich 的 AVR（球床高温研究反应堆）和 THTR（300 MW 球床高温原型反应堆）上使用钍燃料，其中 AVR 采用 HEU-Th 燃料，运行时间超过 20 年，后期由于国际核不扩散要求，采用低浓铀；THTR 同样采用 HEU-Th 混合氧化物燃料，后因政治经济原因关闭。因此，德国在制造钍燃料方面具有一定的工业经验。位于 Juelich 的研究中心化学技术研究所参与了 THOREX 流程的开发。由于去除钚是德国一个真正的政治问题，1999 年，德国学者表明德国的研究机构在重新审视钍铀燃料循环，其主要思路是避免生产和燃烧钚。基于过去获得的经验，德国有恢复钍铀燃料循环工作的想法。在德国，针对钍铀燃料循环的大部分研究都与高温反应堆有关。1979—1988 年，德国和巴西合作评估了压水堆中钍铀燃料循环的使用情况。法国和德国对压水堆中钍铀燃料循环的研究，目的是在不大幅改进压水堆堆芯和组件设计的情况下使用含钍燃料。这些研究得出的结论是，从目前商用压水堆总体技术可行性的角度来看，钍铀燃料循环一般可与常规的铀钚燃料循环相媲美，而且钍铀燃料循环在减少废物方面更具优势。

英国政府 2013 年 3 月发布的“Nuclear Energy Research and Development Road map：Future Pathways”中提到，如果核电装机容量大幅度扩大（高达 75 GWe），就需要进一步作出决定，从现有的各种选择中选择一种适合的燃料循环，选项中包括铀钚燃料循环、钍铀燃料循环。报告同时指出，现阶段还需要更多研究来支持未来燃料循环的选择，目前无任何证据能够表明在英国钍铀燃料循环比铀钚燃料循环更合适。

挪威 Thor 能源公司致力于轻水堆中钍燃料的设计和应用。该公司认为可以引入钍作为轻水堆 MOX 燃料的可裂变成分。Thor 能源公司认为由于快堆审批和部署速度缓慢，轻水堆仍将在21世纪作为核能发电的主力。该公司在钍燃料应用研究方面与印度合作密切，同时发起和主导了钍辐照联盟。Thor能源有两项主要工作：一项是钍-钚氧化物燃料（Th-MOX）的设计和辐照实验规划；另一项是沸水堆Th-MOX和Th/^{233}U燃料组件的设计和建模。Thor能源的第一批钍燃料样品于2013年4月装入由哈尔登能源技术研究所运营的挪威燃料测试反应堆，第二批样品在2015年圣诞节前装载，目的是复核测试结果，该公司认为这是向钍作为常规核反应堆补充燃料的商业化迈出的又一步。

2.2.6 加拿大

1999年，加拿大原子能有限公司（AECL）开始进行一项非常全面的钍燃料循环工作计划。AECL已经研究了许多钍燃料制造技术，并制造了数百种钍燃料元件；许多全尺寸的CANDU钍燃料组件（铀钍、钚钍和纯钍）已经在NRU研究反应堆中以全功率辐照多年；高质量的钍燃料组件已被生产出来；在ZED-2临界装置中进行了钍铀燃料循环物理特性基本物理量测量；对开发钍燃料的各种计划进行了全堆燃料管理研究，并将继续进行更多的研究；已根据加拿大核燃料废物管理方案研究和评价了废钍燃料作为废物产品的特性。

2.3 我国钍资源开发利用情况

早在1965年，在上海嘉定召开全国钍的利用会议，各单位有所分工，后由于各种原因而中断，但国内有关单位仍在这一领域开展了一定的工作。

2.3.1 钍铀燃料循环的基础研究

1980年，中科院原上海原子核所建立了钍铀燃料循环研究组，专门从事钍的核能利用研究，主要做了下列工作：(1) 在高通量堆内辐照 ThO_2 并研究其产生的 ^{233}U，研究了 ^{232}U 与中子通量及快/热中子的关系；(2) 钍铀栅零功率堆实验；(3) 压水堆中使用钍铀燃料循环及进钍方式的理论探讨。

2.3.2　钍铀燃料的水法后处理研究

1967—1968 年，中科院原上海原子核研究所曾用溶剂萃取法从辐照金属钍中分离出 6 克纯 ^{233}U 样品。1972 年中国原子能科学研究院与中科院原上海原子核研究所合作进行钍基燃料的水法后处理技术研究，研发了一个改进的酸性 THROEX 流程——钍线一循环加尾端铀线二循环的磷酸三丁酯（TBP）溶剂萃取流程，最终在中国原子能科学研究院热室内进行了钍燃料后处理的热验证。1975—1976 年，清华大学原试验化工厂（核研院）对氦冷钍增殖堆的钍铀燃料进行了后处理研究。1986—1991 年，清华大学承担国家“863”高温气冷堆论证项目，曾考虑采用钍铀燃料，对高温气冷堆钍铀燃料的后处理进行了研究探索。

2.3.3　钍铀燃料循环反应堆方案研究

1970—1977 年，清华大学核研院曾开展钍增殖堆实验研究，目标是研发钍的热中子增殖堆，当时提出建立一座熔盐实验堆核电厂。此后改为从事钍铀燃料循环高转换率的高温气冷堆的研究。1970—1972 年，上海核工程研究设计院曾研究过钍铀燃料循环的熔盐反应堆核电厂方案，后因技术难度太大，改为压水堆核电厂方案。2011 年，围绕国家能源安全与可持续发展需求，中国科学院遴选并部署了“战略性先导科技专项”，其中包含“未来先进核裂变能”战略性先导科技专项。钍基熔盐堆核能系统（Thorium Molten Salt Reactor，TMSR）作为其部署内容之一，计划用 20 年左右的时间，致力于研发第四代先进裂变反应堆核能系统，实现核燃料多元化、防止核扩散和核废料最小化等战略目标。TMSR 核能系统项目包括钍铀核燃料的制备、钍基熔盐堆建设和燃料（废料）处理等内容。

2014 年，上海市政府启动了 TMSR 重大项目，支持 TMSR 技术发展。2018 年，TMSR 于甘肃武威开工建设。2022 年 8 月，生态环保部批准了中科院上海应物所提交的《2 MWt 液态燃料钍基熔盐实验堆调试大纲》。2023 年 6 月 7 日，2 MWt 液体燃料钍基熔盐实验堆获得国家核安全局颁发的运行许可证。2024 年，2 MWt 熔盐实验堆加钍运行，成功测试到 ^{233}U 产生。

TMSR 计划分为 3 个阶段：（1）早期阶段。早期的目标是掌握关键技术，拥有 TMSR 的装备制造能力。本阶段包括 TMSR 设计能力、熔盐制造与回路技术研发、Th-U 燃料循环前后端研发、高温耐久材料研发、安全标准与许可研发。前期建设首座 10 MW 固体燃料熔盐试验堆（TMSR-SF1），实现全功率运行。建成 2 MW 液态燃料熔盐实验反应堆（TMSR-LF1）并达到临界。（2）工程实验阶段。主要目标是建设 100 MW 固体燃料 TMSR 示范系统（TMSR-SF2）和 10 MW 具有高温处理功能的液体燃料熔盐实验堆（TMSR-LF2）。（3）工业化推广阶段。在产业推进阶段，将在前期研发的基础上，逐步推进 TMSR 的商业化。

第3章
钍铀燃料循环发展前景研究

3.1　钍铀燃料循环发展优势

3.1.1　铀资源量

预计至 2030 年，我国核电装机容量将达到 1.2 亿千瓦，当年核电天然铀需求约为 2.0 万吨 U，2021—2030 年累计铀资源消耗量约为 20 万吨 U。至 2040 年，我国核电装机容量达到 1.9 亿千瓦，天然铀需求约为 3.4 万吨 U，2021—2040 年累计铀资源消耗量约为 58 万吨 U。

据《2022 年铀：资源、生产和需求》统计，全球已查明常规可回收铀资源量（260 美元/千克）为 792 万吨 U，远景资源量还有 1 000 多万吨。从资源总量角度看，按照当前核电规模测算，全球铀资源可以满足全球未来核电 100 多年发展需求。但从现实问题看，低成本铀资源量不够多且分布极不平均，在地缘政治影响下，铀资源消耗国存在大规模资源获取难度大的风险，且在“三倍核能”宣言驱动下，铀资源需求将不断提高，铀资源保供压力不断增加。而钍资源也是一种重要核能资源，应作为铀资源核能应用的重要补充。

3.1.2　$^{232}Th/^{233}U$ 的转换效率优势

一方面，^{232}Th 的热中子俘获截面（7.4 barns）约是 ^{238}U（2.7 barns）的 3 倍，在相同的热中子通量下，$^{232}Th/^{233}U$ 的转换率比 $^{238}U/^{239}Pu$ 的转换率高；同时，热中子被反应堆内冷却剂、慢化剂和结构材料的吸收损失少，中子的经济性较好。另一方面，^{233}U 的热中子俘获截面（45.76 barns）比^{239}Pu（270.33 barns）小得多，即在热堆中^{233}U的产出率高于^{239}Pu，而^{233}U的消耗率低于^{239}Pu。

3.1.3 钍铀燃料循环的增殖优势

^{233}U的裂变截面与^{239}Pu相差不大，但^{233}U的平均二次中子数比^{239}Pu大0.2左右，中子经济性更高，意味着在热堆中^{232}Th/^{233}U的转换比可以大于1。

3.1.4 钍铀燃料循环环保优势

由于^{233}U的热中子俘获截面（45.76 barns）比^{239}Pu（270.33 barns）小得多，与铀钚燃料循环相比，在热堆中钍铀燃料循环产生的钚和长寿命次锕系核素要少一个数量级。此外，^{233}U要多次俘获中子才能生成^{239}Pu和重次锕系核素。

3.1.5 钍铀燃料循环的防核扩散优势

^{233}U通过（n，2n）反应产生^{232}U，^{232}U的衰变链产生短寿命强γ辐射的^{208}Tl（2～2.6 MeV），这种固有的放射性障碍增加了化学分离的难度和成本，较少的钚含量降低了分离的经济性。

3.2 钍铀燃料循环面临的挑战

3.2.1 钍基氧化物燃料制造对温度要求较高

ThO_2的熔点（3 350 ℃）比UO_2（2 800 ℃）高得多，故生产制备高密度的ThO_2和ThO_2基混合氧化物（MOX）燃料需要更高的烧结温度（>2 000 ℃）。

3.2.2 ^{233}U的快堆应用劣势

在快中子条件下，^{232}Th的裂变截面（0.01 barns）比^{238}U（0.04

barns）低，而且 ^{232}Th 裂变的中子阈高（1.4 MeV）。^{239}Pu 的平均二次中子数高，而且随中子能量增加迅速增加。这意味着 ^{232}Th 和 ^{233}U 在快堆中的裂变性能不如 ^{238}U 和 ^{239}Pu。

3.2.3　钍铀燃料循环后处理工艺更复杂

在后处理上，因为 ThO_2 和 ThO_2 基混合氧化物燃料惰性比较大，不易溶于 HNO_3，要加入一定量的 HF，容易造成后处理设备和管道的腐蚀。而目前还没有成熟有效的后处理分离流程，实验和经验都非常缺乏。此外，钍铀转换链要经过中间核 ^{233}Pa，而 ^{233}Pa 的 β 衰变半衰期约为 27 天，这意味着至少需要 1 年的冷却时间使 ^{233}Pa 完全衰变到 ^{233}U，这个时间对反应堆来说过长。对钍基乏燃料的后处理，要考虑钍和铀的提取和分离；而对于（Th，Pu）O_2 的后处理，则要考虑钍、铀和钚的提取和分离。在钍铀的提取和分离之前，还要首先分离钍基乏燃料中的 ^{233}Pa，造成后处理流程复杂。

3.2.4　钍铀燃料循环过程 ^{232}U 对辐射防护要求更高

在辐照钍转换铀的过程中，也同时产生了 ^{232}U，^{232}U 的衰变子核有短寿命强 γ 辐射的 ^{208}Tl，给反应堆乏燃料的贮存、运输、后处理、最终的安全处置和燃料的再加工带来困难，这将提高后处理和燃料元件制造的放射性防护难度和生产成本。

3.2.5　钍铀燃料循环离工业应用尚需较长时间

天然铀含有易裂变核素 ^{235}U 的特性决定了核工业从铀钚燃料循环起步。经过半个多世纪的发展，国际上已建立起了比较完整和成熟的铀钚燃料循环的工业体系，而且还在不断地改进和发展。

尽管钍基燃料在热堆中具有良好的中子经济性，钍铀燃料循环在热堆系统中的燃料利用率较高，但钍铀燃料循环的这些优点尚不足以压倒铀钚燃料循环，且由于历史的原因，迄今世界各国的主要关注点仍在铀钚燃料循环方面（包括钚在热堆和快堆中的再循环）。此外，相对UO_2和（U，Pu）O_2而言，目前关于Th和Th燃料循环的数据库和经验还比较缺乏，还需要大量钍的基础研究。

3.3 前景分析与建议

3.3.1 以铀钚燃料循环为主线加快工业规模能力建设

铀资源仍然是核能利用的主力资源，为了核能的可持续发展，现阶段应先以基于铀钚燃料循环的核能体系为主攻，实现铀资源的充分利用。在铀资源利用的后期，再考虑大规模利用钍资源，接续铀钚燃料循环，保持核能长远发展。

3.3.2 将钍铀燃料循环作为重要技术储备

钍燃料具有较好的优点，在压水堆、重水堆和快堆中均可与铀燃料一起应用，对堆芯改变较小。钍铀燃料循环相比于铀钚燃料循环，优势在钍资源储量更丰富，钍铀燃料循环在热堆中也能实现增殖，且钍铀燃料循环产生较少的钚和长寿命次锕系核素。但劣势也明显，如自然界中不存在天然的^{233}U；中子吸收和衰变纲图更复杂；^{232}U衰变子体的γ辐射很强；乏燃料后处理工艺首端技术难度大；钍铀燃料循环基础参数不如铀钚燃料循环完善，准确度也有待提高，尤其是截面数据方面需完善。应重视钍资源核能利用战略，论证现有反应堆中使用钍资源的可行性，持续开展钍基燃料循环基础科研攻关与试验验证，稳步向前推进钍资源核能利用，以期实现未来规模化应用。

第4章 不同类型反应堆系统中钍基燃料利用情况

4.1　重水堆

采用重水作为慢化剂的优点显而易见。其慢化比（慢化能力与中子吸收能力比率）大约是轻水的 80 倍，中子经济性更好。对于需要中子来增殖易裂变核素的增殖循环，反应堆系统中子经济性极其重要。

目前运行的大多数重水堆都是压力管式设计，采用小而简单的燃料棒束，不停堆换料。燃料棒束设计方式便于产出高热值、潜在放射性的燃料。不停堆换料使得精细反应性管理成为可能，此过程无须借助控制装置或中子毒物吸收过量中子。利用在同一堆芯中可对单个燃料通道进行装料操作的能力，可以实现对不同类型燃料的驻堆时间独立调节。这些特征对于开展钍燃料循环研究都是十分有利的。

加拿大和印度正在研究采用加压、沸腾或超临界轻水作为冷却剂的先进重水堆。他们的设计方案可以降低工程与运行成本，也允许对反应堆其他运行特征进行改进。此外，俄罗斯研究开发了重水慢化气冷堆。

4.1.1　钍铀燃料循环

钍本身并不含有易裂变同位素，需要添加易裂变材料获得初始中子，可加入 ThO_2 中或者在 ThO_2 外部。根据重水堆中初始中子供应方式不同，可以定义多种不同钍铀燃料循环方式，包括：(1) 一次通过钍铀燃料循环，钍利用过程中不进行后处理和循环利用^{233}U（不过，后处理依然是未来一种选择）；（2）一次通过钍铀燃料循环后对辐照后氧化钍元件进行直接循环利用（不包括后处理）；（3）其他循环方式，范围从后处理至选择性移除吸收中子裂变产物；（4）自持平衡钍铀燃料循环，这是一种次级燃料循环方式，在这种方式中乏燃料中^{233}U含量与新燃料制造所需^{233}U含量一样。

一次通过循环重点研究通过精心设计燃料装载来实现堆内^{233}U产生与焚烧。不过，一次通过循环将大量^{233}U遗留在乏燃料中，可供未来回收使用，这要由循环经济性或资源条件决定。

高中子经济性、不停堆换料、通道设计和燃料棒束简化为实现一次通过循环提供了大量灵活性。最初的一次通过循环概念，术语上称为“混合燃料通道”方式，因为有些通道装载ThO_2棒束，有些通道装载“驱动”燃料，典型的如微浓铀（SEU）等。驱动燃料将为氧化钍中^{232}Th转换为^{233}U提供中子。在这样的系统中，氧化钍将比驱动燃料在堆芯中驻留更长时间。

低燃耗下，钍代替一部分铀装料，会导致从铀燃料中获得的能量减少。随着钍燃耗增加，^{233}U积累，产生能量，从而由低浓铀和钍中得到的总能量可能大于单独使用低浓铀获得的能量。燃耗更高时，裂变产物毒物积累将使得获得能量再次降低。获得总能量来自于钍和低浓铀。随着钍在堆芯驻留时间增加，由单位铀得到的能量先减少，达到最小值后，再开始增加，最终会高过上一个峰值，直到钍全部消耗完。

与天然铀或低浓铀循环相比，在一次通过循环最理想的利用方式——混合燃料通道方式中，供料速率、燃耗、铀富集度和中子通量水平的结合作用可确保燃料循环经济性（在资源利用或经费成本方面），可不考虑产生的^{233}U。简单“可能性”研究（利用栅格程序）

已经表明这样的一次通过循环确实存在，尽管驱动燃料通道和钍燃料通道之间反应性、功率输出不平衡已经对燃料管理提出了技术挑战。还可考虑的驱动燃料类型有 DUPIC 燃料（压水堆乏燃料再利用）或 MOX 燃料。

另一种方式是整堆芯装载混合燃料棒束，在同一棒束中同时装有钍和浓缩铀燃料元件。图 4-1 显示了一个新型燃料组件 CANFLEX，中间 8 根“混合元件”装有 ThO_2，外围两圈元件是浓缩铀。这种混合棒束方式是在现有重水堆内利用钍的一种可行方法，可保证燃料和反应堆运行状况限定在为天然铀燃料循环设定的安全运行条件内。与天然铀燃料相比，这种方式对铀的利用更有效，相应的燃料循环成本比浓缩铀燃料循环或采取混合通道方式的优化一次通过燃料循环更低。混合燃料棒束方式是在现有运行的重水堆中利用钍的一种现实可行的方法，其不仅满足当前的安全和运行条件，也无需对反应堆设施做任何明显改动。

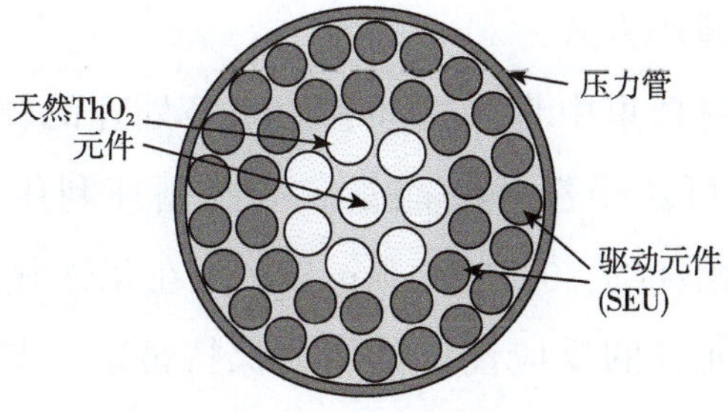

图 4-1　CANFLEX 混合棒束

(1) 混合棒束方式

加拿大原子能有限公司（AECL）在现有 CANDU6 堆中已检验 2 种烧氧化钍混合棒束方案。在方案 1 中，整堆芯只利用一种类型燃料，不需要调节棒。此研究所用燃料的设计特征是：采用 CANFLEX 燃料棒束，外围 35 根元件含 1.8%低浓铀，中间 8 根元件装天然 ThO_2。

初始易裂变材料含量选取使得所需 UO_2 燃耗可轻松达到，而无需较大改动。

方案 2 说明了现有 CANDU 堆在适应钍燃料和调节棒方面的灵活性。在方案 2 中，堆芯分为 3 个区域，每个区域装载一种不同类型氧化钍燃料棒束。外围区域 196 个燃料通道中装载与方案 1 中相同的燃料类型。内部区域 124 个通道中燃料和外部区域燃料通道中类似，不过其中所装 ThO_2 元件包含 6%（质量分数）钆用来形成轴向通量分布。含钆燃料棒束只在堆芯内部、调节棒区域使用。最外围 60 个通道中所装钍燃料棒束的设计燃耗要超过 50 MWd/kg HE。这些高燃耗棒束中所有 43 根元件都使用天然 ThO_2。不过，要利用 20%（质量分数）浓缩铀将外围 35 个元件中初始易裂变材料含量由 0 提至 2.0%（质量分数）。这些高燃耗钍燃料棒束巧妙地布置在堆芯外围，从而可以很大程度上利用泄露中子产生的能量。这种布置显著增加了堆芯中钍燃料量，并改善了烧钍反应堆整体燃料效率。

（2）直接自循环方式

在新混合燃料棒束中直接循环利用未经处理的辐照后氧化钍燃料元件（含 ^{233}U），可获得额外的能量。一次循环利用中间 8 根氧化钍元件可获得额外燃耗约 20 MWd/kg HM。在每次循环利用辐照过程中，这些氧化钍元件的反应性依然明显保持恒定。与一次通过循环相比，直接自循环方式可明显改善铀利用率：第一次循环利用后，与天然铀循环相比铀需求量降低约 35%，与理想低浓铀燃料循环相比铀需求量降低超过 10%，再进行循环利用则基本保持稳定。几次循环下来累计铀需求量要比天然铀装料 CANDU 堆低 30%～40%。

（3）其他循环方式

通过去除循环利用前乏燃料中稀土和吸收中子的裂变产物，氧化钍燃料元件的燃耗和能量释放水平可进一步提高。常规后处理方法，即“THOREX”溶剂萃取工艺，将铀、钍与裂变产物和其他锕系核素分开。^{232}U（释放 α 粒子）和其子体核（特别是^{208}Tl，释放能量 2.6 MeV 的 γ 射线）产生的辐射场可提供一定程度的自我保护，同时增强了含^{233}U 循环燃料的防扩散性。不过，目前仍需开发一种新的更简单、防扩散能力更好的循环利用技术，以实现钍燃料循环商业化应用。例如，AECL 已经构想了一种简单方法，用于移除中子吸收裂变产物和稀土裂变产物，这种方法比常规 THOREX 工艺具有更高等级的防扩散性能，并且成本更低。此工艺利用硝酸溶解乏燃料，然后调节 pH 值。达到某一 pH 值时，铀、钍发生共沉淀，而稀土裂变产物仍大量留在溶液中（这些裂变产物共沉淀需要的 pH 值更高）。通过调节溶液 pH 值，可将铀、钍和一些放射性裂变产物从溶液中移除，仅留下具备寄生和中子吸收能力的稀土裂变产物。

最终获得燃料具有高放射性，以上处理过程及随后的燃料制造、搬运将由远程操作实现。由于可监测到燃料带有明显的放射性，从而极大增强了其防扩散性，确保难以转用于其他方面。此外，与其他复杂的燃料设计方式相比，CANDU 燃料棒束设计简单，便于工艺处理、远程制造和搬运，并将降低成本。成本方面，这种循环利用方式比简单的一次通过循环或利用辐照后氧化钍燃料元件制造新燃料棒束的直接自循环利用方式都更昂贵。

去除氧化钍乏燃料中裂变产物的优点可见于 20 世纪 70、80 年代基于钍铀燃料循环利用方式开展的广泛研究中。WIMS-AECL 是一款专用软件，可用来分析和比较不同 CANDU 堆燃料循环的资源利用，包括一次通过利用天然铀燃料和低浓铀燃料、基于铀和钍循环利用方式。这些研究假定采用常规后处理方式，且所有裂变产物都可以从循环的易裂变材料中移除。钍铀燃料循环仅考虑 ThO_2 和易裂变材料的均匀混合利用，初始装载易裂变材料是^{235}U 或钚。^{233}U 和其他遗留下来的易裂变高品质材料（fissile topping material）可从乏燃料中回收出来，而加入新的易裂变高品质材料（fissile topping material）可以保持燃耗。目前已完成了对一定范围内燃耗的分析，结果显示，对钍铀燃料循环利用铀的最大改进是在置换堆（replacement reactor）中实现的，置换堆继承利用了初装钍燃料堆生产的^{233}U。对于此类平衡系统，研究显示天然铀需求量可节省约90%（与一次通过方式利用天然铀燃料相比）。

印度将钍反应堆作为未来核能计划重要部分，其认为循环利用^{233}U是确保长期能源供应策略的重要组成部分。

(4) 自持平衡钍铀燃料循环

铀守恒燃料循环就是自持平衡钍铀燃料循环，循环平衡时不需要额外易裂变材料（因此不需要天然铀），也就是循环利用的新燃料所含^{233}U浓度与乏燃料中^{233}U浓度相匹配。通过进一步改善中子经济性可以做到：降低燃料额定功率以降低中子通量，从而^{233}Pa的中子俘获减少；提高慢化剂纯度；撤除堆芯中调节棒；提高压力管和排管所用锆材富集度以去除绝大部分大截面同位素（例如Zr-91）。不过，以下研究并未对这些改进进行验证。

自持平衡钍铀燃料循环主要缺点是燃耗低，在10～15 MWd/kg HM之间，对于一个需要后处理和远程制造含^{233}U燃料的循环而言，此循环经济性不佳。为解决这个问题，需要在循环中加入少量^{235}U组分，以使燃耗提高到所需水平。

(5) 高燃耗开式循环

高燃耗开式钍循环可避免采用后处理闭式燃料循环带来的问题。在这类循环中，燃耗增加要牺牲转换率。钍中要加入^{235}U以使燃料达到所需燃耗；乏燃料无需循环利用。利用低浓铀实现高燃耗同样是可能的，但相比于低浓铀，钍的优点体现在卸出燃耗极高的情况下钍燃料所需初装易裂变材料含量可以更低。在低富集度情况下，给定 ^{235}U 富集度低浓铀燃料可获得更高卸出燃耗；但是极高卸出燃耗情况下，钍燃料所需易裂变材料富集度要低于浓缩铀燃料。

与等价的浓缩铀循环相比，钍燃料循环主要优点取决于以下事实：^{233}U 伴随 ^{235}U 消耗而积累，^{233}U 是比 ^{235}U 更好的易裂变材料，钍燃料反应性—燃耗曲线比富集铀燃料下降更快。这表明要想获得同样卸出燃耗，钍铀燃料循环中所需 ^{235}U 含量可以更低。为在 CANDU 堆中获得接近 66 MWd/kg HM 的燃耗，低浓铀燃料需要 4.5%富集度，而钍燃料仅需要 3.5%。除此之外，钍的热中子吸收能力是 ^{238}U 的 3 倍，从而同样卸出燃耗情况下钍燃料堆芯初始反应性要低于低浓铀堆芯，使得反应性波动较小，这在运行中具有明显好处。由于此循环钚消耗效率非常高，其在焚烧钚方面的应用也极具吸引力。

（6）钚、氧化钍结合使用处理钚

利用氧化钍作为基体材料消耗核武器中得到的钚。这是一种负责任且有前瞻性的对策，利用钚可将 ^{232}Th 转换为 ^{233}U，如有需要，这些 ^{233}U 可作为未来能源。受益于 UO_2 乏燃料或 MOX 燃料的防扩散性，乏燃料中的 ^{233}U 是安全的。如前面提到的，因 ^{232}U（释放 α 粒子）及其子体核素（特别是 ^{208}Tl，释放2.6 MeV 的 γ 射线）存在而产生的辐射场，不仅提供了高级别的自我保护，也使得 ^{233}U 不适合作为武器材料。在铀价格和其他因素影响下，未来还可考虑用防扩散技术回收 ^{233}U。

采用多组栅格程序 WIMS-AECL 已完成对 Pu-ThO_2 钚处理方式的评估，仅限于堆物理栅格计算。采用完全配套、多区域的 WIMS-AECL/ORIGEN-S 程序包已完成对锕系核素生成量的计算。据了解，反应堆计算和燃料管理模拟仍未进行。不过，考虑到 CANDU 堆在燃料管理方面的灵活性，应该不会存在任何技术障碍。

为实现应用，另一种 Pu-ThO_2 燃料棒束设计方法已被采用。为最大程度消耗钚，需要有良好的中子经济性。还需要尽量降低空泡反应性，以补偿燃料更快的动力学性能变化（更短的中子寿期和更小缓发中子份额）。为达到这两个目标，CANFLEX 棒束中部元件被替换为一个大型中部石墨置换棒。在 CANFLEX 棒束外围两圈保留的 35 根元件中，2.6%钚（每棒 354 g）与钍混合。外围两圈燃料富集度使其峰值元件功率相当于利用天然铀的 37 根元件所组成棒束的功率。结果，燃耗可达 30 MWd/kg HM，这个燃耗值是在研究堆中采用 Pu-ThO_2 燃料得出的。空泡反应性达 8.6 mk，经分析认为这是当前停堆系统可以接受的。计算机模拟也表明中部置换棒利用 SiC 替换石墨也可在一定程度上降低空泡反应性。

向中部置换棒中加入少量可燃毒物可进一步降低空泡反应性，并提高每棒束钚装载量及净钚消耗量，但是，这样做会降低钚消耗效率。在毒物的作用下，钚消耗效率将由 77%降至 71%，同时空泡反应性由约 8.6 mk 降至 0。

4.1.2 先进的重水堆设计

印度已经设计热功率达 920 MW（电功率达 300 MW）的先进重水堆（AHWR300）作为钍基反应堆先驱，以最有效地利用大量钍资源（以钍金属计约518 000 吨）。此堆型显著特征是：（1）利用 ThO_2 基驱动燃料：锆-2 合金包壳的（Th，Pu）O_2 和（Th，^{233}U）O_2 芯块棒束组；（2）重水慢化剂作为热井；（3）沸腾轻水作为冷却剂；（4）垂直压力管；（5）自然循环移除热量；（6）不停堆换料。

设计理念和堆物理目标如下。

（1）^{232}Th 热中子吸收截面（7.4 barn）几乎是 ^{238}U（2.7 barn）的 3 倍，从而可以降低冷却剂、慢化剂和结构材料需要吸收热中子的份额。因此，能选择轻水作为冷却剂，保留重水作为慢化剂，以获得更好中子经济性。

(2) 沸腾排热模式在减少总冷却剂用量和改善蒸汽循环效率方面表现更好。

(3) 通过缩短栅距、慢化栅格、在燃料棒束中利用可燃吸收剂 (Dy_2O_3)，可能使得轻水冷却剂空泡反应性系数为正。通过工程改造应使得反应堆空泡反应性为负，并具有固有安全性。

(4) 为了能利用自然循环排除热量，明显需要采用通道内沸腾的立式反应堆，这样可以增加反应堆的固有安全性。

(5) “非能动”安全性可通过以下几种安全工程设计来确保，如重力驱动水池、独立冷凝器和用于事故时完全淹没堆芯的大容量水等。

(6) 反应堆内产生的约 75%能量来自钍。

(7) 卸出燃料燃耗范围 20～24 MWd/kg。

(8) 钚消耗量和初始钚装量维持较低值。

(9) 系统中 ^{233}U 可自持反应。

AHWR 堆芯如图 4-2 所示，有 500 个栅格位置，其中 452 个用作燃料通道，36 个用作停堆棒束，12 个用作控制棒。每个通道中燃料组件长度 10.5 m，由顶部悬挂。燃料组件由单个长 4.3 m 燃料棒束和 2 个屏蔽分组件构成。分组件通过快速连接/拆卸接头相互固定以方便搬运。

AHWR 燃料棒束如图 4-3 所示，由 54 根外径 11.2 mm 的锆-2 合金包壳燃料元件组成，包壳壁厚 0.6 mm，芯块堆叠长度 3 500 mm。燃料棒束中燃料元件分布在 3 个同心环上，由内到外分别是 12、18、24 根元件。外环 24 根元件装有高密度 (Th, Pu) O_2 芯块，Pu 占 3.25%。中间和内环装有高密度 (Th, ^{233}U) O_2 燃料芯块，^{233}U 分别占 3.75%和 3%。燃料棒束外径达 118 mm。燃料元件

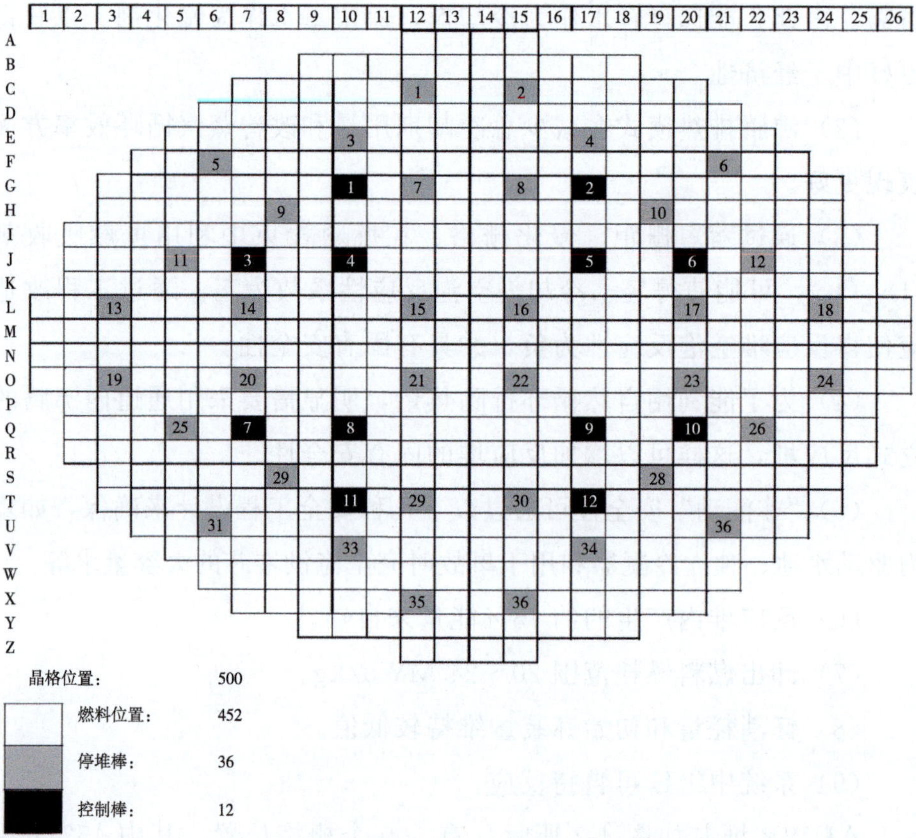

图 4-2 AHWR 堆芯

和顶部、底部固定板组装在一起，中部元件连接两端固定板。燃料棒束方向上有 6 个格架。中空元件棒内装有 ZrO_2-Dy_2O_3，并且其还可作为应急堆芯冷却系统（ECCS）注水管、固定格架捕集棒及棒束固定棒。镝有利于获得负空泡反应性系数。

(1) 印度 AHWR 和零功率临界装置

印度在孟买特朗贝 BARC 建造了一座零功率装置（ZPCF），用于验证 AHWR 燃料物理设计，验证方面包括多组截面数据、栅格变量、元件功率分布、反应性装置模拟、堆芯通量和功率分布、空泡反应性等。ZPCF 标准堆芯将由 61 个栅格构成，其中 55 个栅格安排标

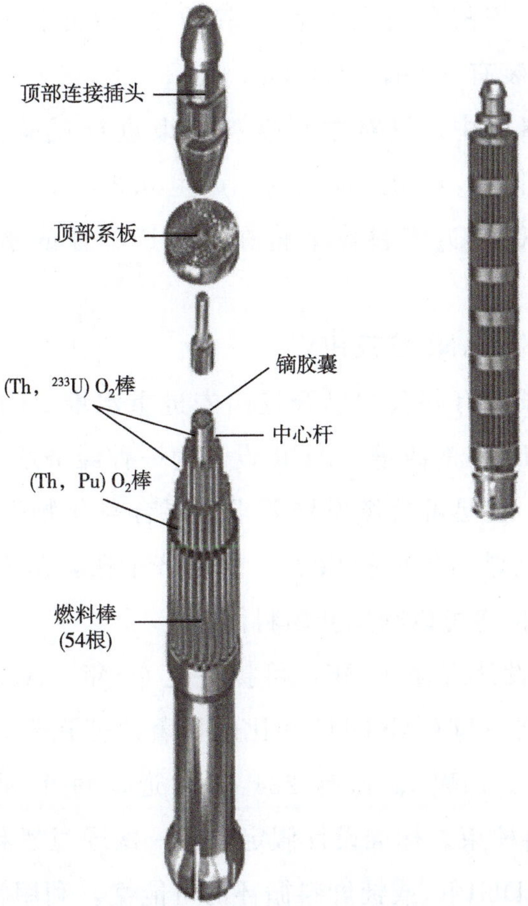

图 4-3　AHWR 燃料棒束

准燃料，剩余 6 个安排停堆棒。标准燃料由 19 根天然金属铀燃料元件棒束构成，方形栅格的栅距 250 mm。堆芯布置类似于 AHWR，即利用栅距 250 mm 的方形栅格布置的 AHWR 燃料棒束替换标准堆芯中部区域 3×3 排列的 9 根天然铀金属棒束。在 ZPCF 堆芯中以下 2 种燃料棒束将被顺次使用。

1）9 组 54 根燃料元件棒束，所有元件由（Th，Pu）O_2 燃料组成。

2）9组54根燃料元件棒束，其中24根元件装有（Th，Pu）O_2，30根元件装有（Th，^{233}U）O_2。

9组燃料棒束中，只对中部燃料棒束进行试验测量。鉴于^{233}U中^{232}U含量预计在5×10^{-4}范围内，产生0.3～0.8 Gy/h的辐射场，CF的（Th，^{233}U）O_2燃料棒束将在ZPCF厂址的水池中进行水下组装。

（2）先进的CANDU反应堆

加拿大原子能有限公司已开发出先进重水堆ACR，其是对已有良好基础CANDU6的改进。ACR设计为一种经济堆型，同时兼备安全性和可靠性，满足可持续发展要求。混合氧化物燃料（MOX）的利用为确保充足燃料供应提供了一种经济手段，从而加强了可持续性。未来，ACR将可以利用钍燃料循环。

ACR标准设计寿命40年，可扩展至60年。ACR是重水慢化、轻水冷却反应堆。与CANDU6相比的显著改变在于采用紧凑堆芯设计，电功率700 MW堆芯有284个通道，每个通道可装12个CANFLEX燃料棒束。标准设计假定采用一次通过燃料循环，但保留了利用MOX、DUPIC或钍燃料循环的可能性。利用轻水作冷却剂要求燃料具有一定的富集度，因此，一次通过燃料循环所用标准低浓铀燃料设计为棒束中部燃料元件中铀富集度为2%^{235}U和4.6%Dy。ACR设计为可利用低富集度燃料运行，如富集度约2%的低浓铀燃料，燃耗可达21 MWd/kg HM，或者富集度4%左右的燃料，燃耗可达45 MWd/kg HM。

特别是，为标准低浓铀燃料循环设计的ACR不需要设计变更或改变运行方式就能利用MOX燃料，这是一个十分重要的优点。借助此优点，动力运行研究计划可以首先利用低浓铀燃料启动ACR，然后转而利用MOX燃料，运行人员可选择燃料转换的时机和分量。这是一个无缝衔接过程，无需停运设备、降低功率或追加成本。

小型、简单燃料棒束和燃料通道设计、不停堆换料和良好中子经济性对于燃烧钍的多种可能燃料循环均有利。栅格设计要为多种钍燃料棒束提供固有负冷却剂空泡系数，而无需向棒束中部增加中子毒物。

（3）超临界 CANDU 反应堆

加拿大原子能有限公司正在研究设计一种超临界轻水堆。在已开发设计中，反应堆的热效率提升可通过在更高温度和压力下循环冷却剂实现。反应堆冷却剂运行状况超过轻水超临界点。

该设计是超越 ACR 的下一步革新。冷却剂温度和压力提升的实现基于 ACR 设计的成功。初步物理计算表明采用钍燃料循环的反应堆运行良好，可以满足客户的多项要求。

（4）重水慢化、气体冷却最终安全反应堆 HWR-1000US

莫斯科理论与实验物理研究院（ITEP）已开发出具备新安全理念的 1 000 MW 电功率重水堆 HWR-1000US。这意味着反应堆系统要设计成可避免放射性大量弥散，并可应对任何燃料破损情况，甚至包括堆熔和破坏。实现这些安全需求要采用通道式反应堆，其特征包括：1）主系统整体布置于多腔室预应力混凝土主安全壳容器（PCV）中以保持主冷却剂压力；2）低温重水慢化剂；3）气态冷却剂；4）燃料中易裂变核素含量低。这些特征结合在一起提供了终极安全性和特定的高效燃料循环。

由于 PCV 不可能出现脆性破损，大破裂 LOCA 可以消除。冷却剂压力由 PCV 截留，燃料通道并未承载冷却剂压力，这导致可将通道管壁做薄并显著减少寄生中子俘获量。未慢化的气态冷却剂结合相对大半径的燃料通道（约 10 cm）可获得相当高的快中子增殖率。这样可以提供合适的慢化中子光谱，以利于有效易裂变同位素的利用，同时提供了高达10%的增殖同位素，从而增加中子剩余量与提升燃料利用水平，包括钍燃料。

4.2 轻水堆

近几年研发的几种钍基燃料设计方案已被证明在当前和下一代轻水堆中基本可行。研发活动集中于Th/^{233}U燃料循环，以使其可在已存在压水堆中替换常规铀基燃料，以及可利用其焚烧钚调节钚存储量增量或实现零钚产量、可持续的再循环模式。设计的燃料必须可以抵御非常高的燃耗（高于100 000 MWd/kg）。燃料循环成本与常规燃料相近。近期对压水堆研究的重点集中于2种模式：均匀式和非均匀式。均匀式设计使用ThO_2-UO_2混合物，每根燃料棒内铀体积分数和丰度足够获得所需的燃耗和循环长度。非均匀式设计考虑利用转换区，其中U和Th分装于同一组件的不同燃料棒中，或者分装于不同组件中。均匀式设计也要考虑“微观不均匀性”因素，即在特定燃料棒中铀和钍燃料是空间上被分开的。

美国能源部资金支持下的核能研究计划已检验了2种非均匀设计方式：(1) 燃烧区－增殖区燃料组件单元SBU，也被称为拉德考斯基钍燃料（RTF），可以与常规压水堆燃料组件实现一对一替换；(2) 一体式燃烧－增殖组件（WASB），燃烧区和增殖区各自占用一个全尺寸压水堆组件单元，各组件以改进的棋盘格排列方式布置于堆芯中，如图4-4所示。

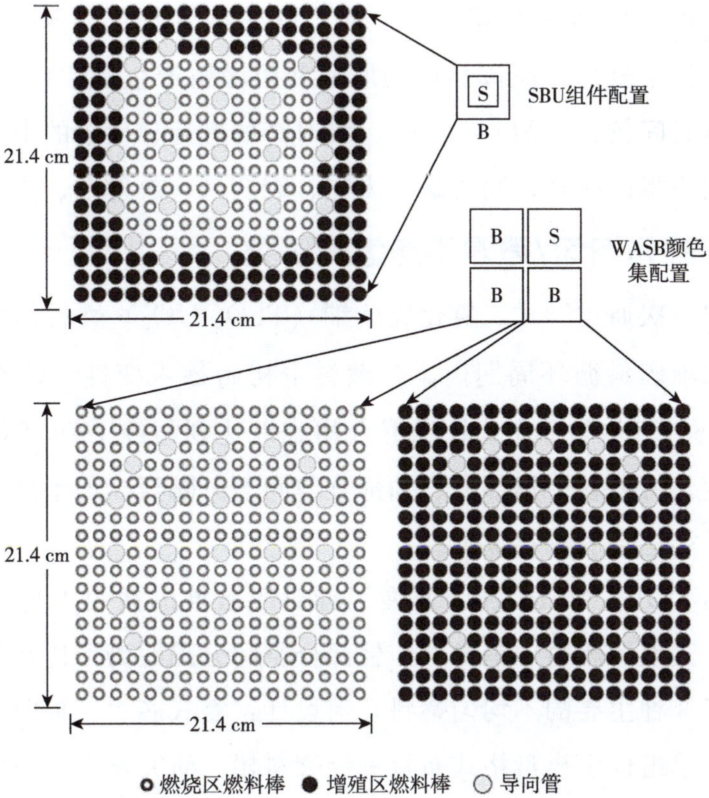

图 4-4　SBU 和 WASB 燃料组件设计

SBU 和 WASB 均为新型燃料组件设计，被设计成可通过对反应堆中已有系统/硬件做最小变更，以应用于现有压水堆（包括 WWER）中。为具备吸引力/经受住严格审查，它们还应该具备经济竞争性，并具备可比于现有轻水堆的特征。

通过优化点火区和转换区燃料－慢化剂比减少点火区产钚、增加转换区^{233}U产量及其在堆燃烧可以实现性能改善。SBU 和 WASB 燃料的钚产量和武器品质均显著下降：相对标准压水堆，钚产量降低系数 3～5；同时，产生的^{238}Pu、^{240}Pu、^{242}Pu含量高，使其不适合用于武器。此外，2 种方式均设计采用一次通过燃料循环（不经过后处理），增殖产生的^{233}U直接烧掉；产生的^{233}U受混合铀同位素影响变性，为推进同位素分离，应该尝试提取和利用增殖产生的^{233}U。^{233}U在转换区驻留时间较长（约6～9年）、相对高的燃耗、优越的中子特性导致燃料利用得以改善，同时减少废物、衰变热、放射性、毒性产量。

4.2.1 整体均匀/微观不均匀式研究

对“一次通过”式二氧化钍一铀（ThO_2-UO_2）燃料循环，通常一个压水堆燃料循环周期内，钍燃料中初始掺入变性^{235}U含量必须不低于25%。均匀分布式钍铀混合物难以达到与纯UO_2燃料一样的燃耗深度。将燃料中钍部分、铀部分空间上分隔至少若干毫米可改善钍铀燃料能达到的燃耗深度。

美国DOE－NERI资助开展了针对压水堆的微观不均匀燃料设计研究，其设计燃料中铀部分、钍部分空间分隔距离可达几厘米。研究分析了3种主要的不均匀燃料几何设计：复式芯块、轴向微观不均匀燃料、单组件中棋盘格式布置铀钍燃料棒。研究发现使用同样初装量^{235}U，微观不均匀燃料达到燃耗比全铀燃料都要高出15%。不过，铀含量较少的钍燃料中发生的^{233}U变性会明显削弱这种强化作用。为降低点火燃料中功率峰，有些情况下变性是必要的，可通过在燃料辐照初期改善钍区域功率分配实现。研究发现结合式轴向不均匀燃料：4 cm长环形铀燃料芯块区域被约8 cm长复式芯块（铀在钍内部）区域分开，在满足热工水力设计需求的同时，可提供比全铀燃料更高的燃耗深度。不过，铀钍燃料区域功率不平衡显著给设计带来了挑战，如更多的裂变气体释放量和更显著的轴向包壳温度梯度等。此类燃料制造经济性仍需要评估。然而，与^{235}U初装量相同的全铀压水堆燃料相比，实现产钚量降低系数达3是可能的。NERI也开展了项目研究弥散式燃料，以锆基质包裹（Th，U）O_2燃料颗粒，此种燃料具有高密度、高热导率和裂变产物包容性。

4.2.2　焚烧钚/超铀元素

钍基燃料和钚结合使用有两方面优点：一方面，钚和重锕系核素产量减少从而控制钚增长；另一方面，乏燃料和核武器拆除得到的现有库存钚可以通过焚烧处理掉。欧美正在研究压水堆钍基燃料焚烧钚和超铀元素的可行性。用于嬗变燃料中钚和次锕系核素（MA）损耗率和剩余量已由研究得出。总的来说，钍基燃料模式消耗的钚量大约是常规 U-Pu 混合氧化物燃料的 2 倍。钍基燃料组件每吉瓦年可能焚烧损耗高达 1 000 kg 纯钚。向燃料混合物中加入 MA 降低了燃烧效率。总之，反应性系数评估证明设计负多普勒系数和负慢化剂温度系数的 Th-Pu 或 Th-Pu-MA 燃料堆芯是可行的。与常规 UO_2 堆芯相比，向压水堆芯中引入含 TRU 燃料不可避免地会导致控制材料效率降低、缓发中子产额减少。因此，为确保反应堆安全运行，向压水堆中引入 Th-TRU 燃料的主要挑战是整堆芯和反应堆控制特征设计。

4.2.3　沸水堆紧密栅格中钍的利用

在 Purdue 和 BNL 进行的沸水堆紧密栅格内中能中子光谱下钍基燃料利用研究是 DOE-NERI 工程项目的一部分。此项工作是对上面提到的针对压水堆工作的补充。Purdue 工作的重心是研究沸水堆紧密栅格内钍的表现及中能中子光谱下钍基燃料是否具有优势。研究结果表明，与铀基燃料相比，紧密栅格内钍基燃料具备多个吸引人的特征，如更好的空泡系数、更高的燃料转换比率、更良好的防扩散特征及更少的长寿命放射性毒物产量等。大多数在紧密栅格中装入钚燃料的高转换率轻水堆确保负反应性空泡系数比较困难，并需要引入一些机械措施来增强中子泄漏效应，如燃料组件中的空泡管等。Purdue 研究工作开展的其中一个目的是调查中能中子能谱下钍燃料是否具有确保负空泡反应系数的固有中子特性，从而可以避免采取机械措施来保证反应堆安全运行。

4.3 高温气冷堆

德国、美国、日本和俄罗斯联邦过去在氦冷高温气冷堆中已经成功利用过钍基燃料。燃料以 ThO_2、（Th，U）O_2、ThC_2 和（Th，U）C_2 包覆颗粒形式存在。TRISO 燃料芯块，直径350～500 μm，具有多层碳和碳化硅包层（燃料芯块上有约 100 μm 缓冲碳层，紧接着是约 40 μm 内外热解碳包覆层，中间有 35 μm SiC 层）。在德国，有 2 座球床高温气冷堆 AVR（电功率 15 MW）和 THTR（电功率 300 MW），已成功运行至 20 世纪 80 年代后期，之后全部关闭。在球床堆中，包覆燃料颗粒嵌入石墨基体后做成直径约 60 mm 圆柱形燃料元件。美国氦冷高温气冷堆桃花谷堆（电功率 40 MW）和圣符伦堡堆（电功率 330 MW）混合氧化铀钍和二碳包覆燃料颗粒嵌入石墨中，也以棱柱块方式使用。英国氦冷高温气冷堆龙堆，也使用嵌入石墨基体中的混合氧化铀钍和二碳包覆燃料颗粒。

GIF 将氦气冷却出口温度 1 000 ℃的超高温反应堆（VHTR）作为可于 2025 年大力发展的候选核能系统。相关反应堆概念包括：热功率 600 MW、氦冷棱柱燃料气轮机模块氦反应堆（GT-MHR）或球形燃料的球床模块反应堆（PBMR）。钍基、ZrC 包覆氧化物、混合氧化物、二碳或混合二碳 TRISO 燃料颗粒是此类堆型的主要候选燃料。

高温气冷堆无需改变有效堆芯设计和工厂主要设备就可表现出对不同燃料类型的极好适应性，并在钍与浓缩铀、钚结合使用方面展现出良好前景。钍、武器级 ^{235}U 混合燃料和 ^{233}U/Th 燃料的研究，以及这些燃料在圣符伦堡反应堆（GT-MHR 原型堆）中的运行经验表明采用这些燃料可在最小化易裂变同位素消耗方面实现极高效率。因此，运行条件（换料比率、换料间隔、可操作反应性边际限制）满足设计要求。

为在^{233}U-Th“开式”燃料循环中有效利用高温气冷堆中子谱，相应慢化剂（碳）与高金属比率（Nc/NTM）≥200 的情况下燃料组件中装载高金属组件是更可取的。相比其他易裂变同位素，此种情况下，活跃堆芯中每产生单位能量所需平均铀装载量和^{233}U 消耗量是最少的。自持燃料循环改变可能进一步降低^{233}U 消耗量。闭式燃料循环中最小铀消耗量相当于约 0.27 g/MWd，相应燃料芯块中可以装载高金属成分量最大（6.1 克/芯块）。通过比较可见，^{235}U-Th 燃料模式下铀消耗量约为 1 g/MWd。出于不同原因（技术限制、经济指引），每燃料芯块最优高金属成分装载量是 3～4 克/芯块，最小富集度约 4.5%。钍在反射层利用的模式下，自持燃料循环中铀消耗量可降至约 30%，不过由于经济原因，其他方案几乎无应用价值。自持式^{233}U 反应堆仍未实现。

4.4　加速器驱动次临界核能系统

国际上多个国家正在研究加速器驱动次临界系统（ADS）。美国、欧洲和日本研究 ADS 的主要目的是在融入核能系统固有安全性的前提下提供通过焚烧钚和次锕系核素、嬗变长寿期裂变产物解决核废物处置的方案。印度开发的动机是利用 ADS 安全，有效地增殖^{233}U，保障核能持续供应。

ADS 由三部分组成：(1)“质子加速器”，通过分离回旋加速器（SSC）或直线加速器，生产能量约 4 GeV 的质子；(2) 靶件（Pb 或

Pb—Bi 合金）能释放出 20～30 个裂变中子，释放能低于 20 MeV，每个被加速质子能量约 1 GeV；（3）次临界堆芯，中子增殖系数范围 0.95～0.98，即所谓的“增殖层”。此外，ADS 有除热和产电设备。

ADS 具备增强安全性是因为其运行在非自持链式反应模式下，不用考虑发生临界的风险。无论加速器运行还是关闭，ADS 都以次临界模式运行并维持次临界状态。此外，用加速器控制次临界系统方式简便，减少（或不需要）控制棒用量。至于临界插入事故，次临界本身提供了充分的运行安全。已开展研究的 ADS 概念主要包括以下 4 种：（1）Carlo Rubbia 提出的 CERN Group 的能量放大器（EA）；（2）洛斯阿拉莫斯国家实验室 Bowman 提出的废物嬗变器；（3）布鲁克海文国家实验室（Phoenix 工程）提出的利用快中子在 ADS 中焚烧重锕系核素，目前日本将其作为 OMEGA 计划的部分研究内容；（4）俄罗斯加速器驱动技术工程。日本和美国设计的快中子 ADS 最适于焚烧（并非增殖）锕系核素，其利用装载锕系核素氮化物和金属燃料的快堆堆芯，有关热中子的 ADS（多重裂变目标压水堆、加压重水堆、熔盐堆）也已被大量研究。总之，对于 ADS 次临界系统，从中子经济的角度来看，加速器不是必需的，但利用加速器的优点有：（1）没有初始过剩反应性，不需要使用控制棒；（2）剩余反应性摆幅可由加速器补偿，从而允许扩展循环至高燃耗；（3）次临界边界致使安全性增强，可减少对空泡系数和小份额延迟中子的考虑，这与次锕系核素焚烧相关度大。在 ADS 次临界系统中钍的作用是：（1）避免产生重锕系核素；（2）限制整寿期反应性摆幅；（3）^{232}Th 易转换为^{233}U；（4）与去除嬗变废物相关。

所选 ADS 主要特征是利用相对小颗粒加速器生产 16 mA 的 1 GeV质子，其轰击移动铅靶，从而产生中子。这些中子到达次临界堆芯，该堆芯采用碳钢包壳的混合钍铀氧化物或一氮化物燃料棒，并以液态铅作为冷却剂，液态铅反射层包围堆芯。此类 ADS 的主要作用是焚烧钚、产生清洁能源和焚烧轻水堆废物。快能谱能量放大器适用于装载以下含钍燃料的堆芯：(1) 混合钚钍氧化物或一氮化物用于焚烧武器级或民用钚；(2) 混合钍/^{233}U 氧化物或氮化物用于产生“清洁”能源；(3) 混合高 HEU-钍氧化物或氮化物用于焚烧 HEU。

研究表明氮化物燃料系统比氧化物燃料略多烧掉一些钚。氮化物燃料系统比氧化物燃料系统多产生约 20%^{233}U，但是也会产生更多的次锕系核素。氧化物燃料能量扩大器系统能焚烧 40%的装载钚，而氮化物燃料系统只能焚烧 35%。不过，考虑氮同位素分离 [避免通过 (n，p) 反应由^{14}N 生成放射性^{14}C]，混合氧化物燃料系统更合适。ADS 和快中子临界系统中钍基燃料的作用基本相同，对钚的消耗没有多大区别。

4.5　快堆

在快中子光谱内，^{232}Th 较^{238}U 不易裂变，且有更高的裂变阈能量。此外，^{233}U 相比^{239}Pu 的 η 值增加少得多。

法国已对快堆中“闭式”钍燃料循环开展广泛研究，采取的技术方案有：

1. 设计 (Th，Pu) O_2 堆芯焚烧 Pu、增殖^{233}U 以启动 LMFBR 中 Th-U 循环。

2. 设计 (Th，^{233}U) 自持堆芯，其增殖率略大于 1.0，可多次利用回收的钍和铀 (包括含或不含锕系核素 2 种情况)。

欧洲快堆 (EPR，热功率 3 600 MW、电功率 1 450 MW) 和 CAPRA 堆芯已对钍在快堆中利用进行了研究。在 EPR 式 (Th，Pu) O_2 堆芯 (高100 cm×直径 405 cm) 中，反应堆 3 个富集区内

ThO_2+PuO_2中PuO_2的体积百分比假定为20.45%、24.95%和29.98%，钚同位素组分假定为52.54%^{239}Pu、25.49%^{240}Pu，9.8%^{241}Pu，7.84%^{242}Pu，1.96%^{238}Pu，钚中含有2%^{241}Am。EPR式堆芯包括轴向（底部：25 cm，顶部：15 cm）和径向（1排78个组件）增殖^{232}Th层。在CAPRA式堆芯中，2个富集区中PuO_2占（Th，Pu）O_2体积百分比分别为43.2%、45%，轴向或径向无增殖层。CAPRA式堆芯中钚同位素组分含量是38.95%^{239}Pu、26.71%^{240}Pu，13.06%^{241}Pu，14.42%^{242}Pu，5.5%^{238}Pu，钚中^{241}Am含量为1.31%。通过研究可得出以下结论。

1. 相比EPR标准（U，Pu）O_2堆芯，（Th，Pu）O_2堆芯的纳空泡反应性降低约35%，在（Th，U）堆芯中降低甚至更多（约65%）。在（Th，Pu）O_2堆芯中多普勒常数是类似的，（Th-U）堆芯比标准（U-Pu）堆芯大约50%。

2. 相比EPR标准（U，Pu）O_2燃料，EPR式和CAPRA式（Th-Pu）O_2燃料钚消耗量大。CAPRA式燃料比EPR式燃料Pu消耗量更高些，分别是880 kg/GWe·a和660 kg/GWe·a。

3. 利用EPR式（Th-Pu）O_2燃料$+ThO_2$增殖层，经过约15年运行可增殖产生足够^{233}U供应一座（Th-U）反应堆。因此，随着钚燃烧，可能更快地启动$^{232}Th/^{233}U$燃料循环。不确定回收利用情况下，“闭式”、自持$^{232}Th/^{233}U$循环是可行的，其线性倍增时间非常长，接近300年，因而无须考虑燃料的操作、老化和冷却时间。因此，在快速发展的核能计划中，采用^{232}Th-^{233}U燃料循环的LMFBR并不具备那么大吸引力。

4. 经过1 700有效满功率天（EFPD）运行+5年后，EPR式燃料中^{233}U和^{232}Th含量分别达到92.93%和0.23%。增殖区^{233}U含量要高得多，轴向底部、顶部和径向分别达95%、98%和96%。在

EPR 式（^{232}Th，^{233}U）O_2燃料中，ThO_2增殖层中^{233}U含量比（Th，Pu）O_2燃料中要高，轴向底部、顶部和径向增殖层分别达 97.9%、99%和 98%以上。在 CAPRA 式堆芯中经过 990 满功率天+5 年后这些数值分别达到 90.28%和 0.22%。

近期，在 BN350 中进行钍增殖层辐照试验研究的基础上，俄罗斯报告称通过将钍增殖层置于堆芯边缘外 15～20 cm 远处，增殖所得^{233}U中^{232}U含量可降低至极低水平（$\leqslant 11\times10^{-6}$）。

4.6　熔盐增殖堆

熔盐堆（MSR）采用石墨作为慢化剂，以掺合易裂变和增殖材料的高沸点（≥1 400 ℃）熔融氟化盐作为燃料和主冷却剂，并运行在超热中子光谱范围内。熔融堆堆芯是一个圆柱石墨块，兼具备慢化能力，通过上面的小孔，夹含钍铀和钚的熔融氟化盐得以循环。含燃料的主冷却剂流至主热交换器，热量传递至次级熔盐冷却剂，然后通过石墨通道流回堆芯。次级冷却环路将热量传递至动力循环或产氢设施。熔盐堆运行温度范围从 450 ℃（共晶氟化盐熔点）至 800 ℃左右。次级熔融盐的温度低于主熔融盐。反应堆和主系统由镍基合金建造而成，如改良的 Hastelloy-B 和 N、因科镍尔合金或类似合金，以及其他有前景的材料（如 Nb-Ti 合金等），可抵御熔融盐腐蚀。燃料熔盐中挥发性易裂变产物（如 Kr、Xe 等）需要不断被移除。与其他堆型相比，熔盐堆含有易裂变材料量较低，原因是：(1) 熔盐堆是热中子堆，相比快堆需要较少量的易裂变材料；(2) 除反应堆系统外燃料循环中易裂变物质量较少；(3) 由于不停堆换料，需要有部分过剩反应性来补偿燃耗；(4) 燃料/冷却剂中直接热沉积使得可达到高功率密度；(5) 中子吸收率较高的裂变产物（如 Xe 等）需要不断被移除。

20 世纪 60 年代建于美国橡树岭国家实验室的 8 MWt 熔盐实验堆是增殖堆开发计划的一部分，是世界上第一座钍基熔盐堆。8 MWt MSRE 堆芯体积小于 2 m^3，运行所用熔融燃料冷却剂盐成分为 $7LiF/BeF_2/ThF_4/UF_4$ 的混合物，出口温度为 650 ℃，具有以下特征：(1) 石墨慢化剂与氟化盐之间具有化学兼容性；(2) 可从燃料中移除 Xe 和 Kr；(3) 后者在堆裂变可将 ^{232}Th 转化为 ^{233}U。

1965—1969 年期间在 MSRE 上采用不同燃料（包括 ^{235}U、^{233}U 和钚）实验获得的有关熔融盐物理、化学和腐蚀性质方面的数据，为 20 世纪 70 年代中期的 1 000 MW 电功率熔盐增殖堆概念设计铺垫了基础。石墨慢化 MSBR-1000 设计为利用 $^{232}Th/^{233}U$ 燃料循环达到热增殖（增殖比约 1.06）并利用蒸汽循环产生电力。设计燃料堆芯体积 48.7 m^3，熔盐组分为 71.7%7LiF，16% BeF_2，12% ThF_4，0.3% UF_4（均为摩尔百分比），^{233}U 和 Th 装量分别达约 1 500 kg 和 68 100 kg。MSRE 在 1969 年 12 月被关闭，MSBR-1000 未被建造。

熔盐堆可用于有效执行以下 Th 燃料循环。

1. "开式"一次通过循环，利用 $^{232}Th/LE^{235}U$（浓缩铀富集度<20%）作为新燃料，在堆将 ^{232}Th 转化为 ^{233}U，并燃烧后者，不包括从乏燃料和卸出燃料熔盐中回收易裂变材料（^{235}U、^{233}U、^{239}Pu 或 ^{241}Pu）的后段工艺。

2. "闭式" $^{232}Th/^{233}U$ 热增殖循环（增殖比率约 1.06），可有效去除堆芯外燃料熔盐中易裂变产物（Xe/Kr），处理完后可对 ^{233}Pa 进行在线管理，第一循环后在下面的循环中只加入 ^{232}Th。

3. "闭式" $^{232}Th/^{233}U/^{238}U$ 变性增殖循环，设计上可最大程度避免扩散，其采取方式是尽量减少处理的燃料熔盐量，以及添加 ^{238}U 进行稀释，使得易裂变 ^{233}U 同位素变性。与 $^{232}Th/^{233}U$ "闭式"循环相比，通过这种方式可以降低增值率（略高于 1.0），从而确保了燃料循环内在的防扩散性。

近几年，世界上启动过多个多国钍利用联合研究项目。法国正在从事 AMSTER 概念研究，AMESTER 是 $^{232}Th/^{233}U$ 燃料循环的热熔盐堆，配备不间断后处理设施，可用于移除易裂变产物和向 MSR 供应重核素（U、Th 等）。俄罗斯和 OECD 已将 MSR 作为钍基闭式燃料循环的一种重要方案，可用于有效焚烧锕系核素，减少核废物长期毒性。美国正在研究多热氦气布莱顿循环模式下 MSBR，研究涉及的不同钍燃料循环方案的主要目的是锕系废物焚烧，此外，还可用于电力和氢生产，以及在无需进行燃料分离的情况下增殖和焚烧易裂变燃料。

第5章
熔盐堆发展前景研究

熔盐堆（Molten Salt Reactor）是采用熔盐混合燃料循环的反应堆。其熔盐混合燃料为铀、钍、钠和锆等元素的氟化盐，使用钍燃料的熔盐堆称为钍基熔盐堆。熔盐在高温熔融的液态下，既作为核燃料，又作为载热剂，把燃料和载热剂融合为一体，不需要固体燃料元件，堆芯内以石墨为慢化剂（早期也采用铍为慢化剂）。燃料熔盐流进堆芯（温度约 500～600 ℃），产生裂变能量的同时，作为载热剂吸收所产生的裂变能量后流出堆芯（温度800 ℃），一次燃料熔盐通过中间换热器将热量传给二次熔盐，二次熔盐再通过蒸汽发生器将热量传递给蒸汽，利用蒸汽透平循环发电，也可以将热量传递给氦气，利用高效率的氦气透平循环发电或用于核热制氢等工艺。熔盐堆在常压下工作，适合于发电、核能综合利用，应用前景广阔。

5.1　熔盐堆的优势与挑战

5.1.1　技术优势

（1）熔盐堆把燃料和载热剂的功能结合在一起，熔盐在高温下化学性能稳定，传热性强，系统热效率高。

（2）熔融氟盐的蒸气压力低，在常压下沸点温度高，反应堆系统可以在低压高温下运行，降低了压力容器和管道系统的承压要求。

（3）可输出 700～1 000 ℃的高温，高温运行提供了热化学制氢和核工艺热应用的可能性。

（4）熔盐堆具有很好的中子经济性，可以选择燃烧锕系元素或获得高转化比的不同的燃料循环。

（5）熔盐堆具有固有安全特性，无堆芯熔化风险，事故时可以实现燃料熔盐安全排放和非能动冷却，放射性物质不易逃脱。

（6）燃料的再装料、处理和去除裂变产物都可在线进行，核电厂可达到很高的可利用率。

（7）熔盐堆可以将锕系元素直接溶入均匀的燃料熔盐中，工艺较简单，而固体燃料反应堆则需要通过燃料混合和燃料元件再加工。

（8）熔盐堆可以在线去除燃料中的长寿命裂变产物（LLFP），可以在堆内燃烧长寿命、高放射性的次锕系元素（MA），实现核废物量及其毒性的最小化，产生的核废料约为传统铀钚反应堆的万分之一，300年后就衰减到本底水平。

（9）可建造在地下。因为熔盐堆的放射性物质常温下是固态，很难渗入地下并通过地下水进入生物圈。可建于地下，同时能够避免外界干扰，如恐怖袭击、飞机坠落和龙卷风等。

5.1.2 存在挑战

由于钍基熔盐堆核能系统是新堆型，还有许多需要发展的技术及需要解决的技术难点。

（1）针对熔盐堆尚无成熟的反应堆设计理论、安全分析方法及安全评估规范可供借鉴。

（2）合金结构材料应用于商业化熔盐堆，其耐高温、耐腐蚀和抗辐照问题还需要进一步验证。

（3）燃料、石墨与熔盐在化学特性上是兼容的，但对于物理的渗透效应，还需要进行一系列实验检验。

（4）目前钍铀燃料循环的核数据相对于铀钚燃料循环还不完善，需要开展大量钍铀燃料循环基础研究。

（5）燃料干法后处理技术目前也仅停留在实验室阶段，并未有实际应用经验等。目前钍基燃料干法后处理技术多针对氟盐熔盐堆（乏）燃料，该项技术目前停留在概念流程设计及实验室研究阶段，仍需开展大量的熔盐体系锕系元素及裂片元素物理化学行为基础研究；相对于传统的水法后处理技术，基于氟盐体系的干法后处理技术对水、氧的要求苛刻，分离技术需在屏蔽的密闭环境下进行，难度极大，需开展密封新技术及耐腐蚀材料的研究；干法后处理流程一般包含多种干法技术，如熔盐电化学技术、金属还原萃取和氟化挥发技术等的集成耦合，且需要满足在线后处理终极目标，对各个环节操作及衔接要求较高，对工艺流程设计及工业化部署提出了前所未有的挑战，后续还需开展大量的理论计算和设计工作。

5.2　全球及我国发展情况

美国、法国、日本、俄罗斯、加拿大均开展了熔盐堆技术的研发，提出了熔盐实验堆（MSRE）、熔盐快堆（MSFR）、富士熔盐堆（FUJI-MSR）、熔盐嬗变堆（MOSART）和一体化熔盐堆（IMSR）等多种类型的新概念熔盐堆，我国也在 2011 年启动钍基熔盐堆项目（TMSR）。

5.2.1　国际发展情况

近年来，由于能源环境问题成为全球新的热点，熔盐堆研究成为先进核裂变能领域的热点，被选为四代堆 6 个最有希望的候选堆型之一，堆型概念扩展为液态燃料熔盐堆和固态燃料熔盐堆两类。世界各国纷纷启动了相关基础研究计划，欧洲和俄罗斯的熔盐堆研究计划和项目着眼于长期和对基础问题的探索，重点在液态燃料熔盐堆，兼顾钍铀燃料和铀钚燃料；亚洲受能源需求的拉动，对 2 种熔盐堆的发展均表现出很高的积极性，印度与日本正在积极推动液态燃料钍基熔盐堆的研究工作，韩国已经启动了固态燃料钍基熔盐堆研究计划。各国进一步评估其可行性、安全性和经济性等要素。但迄今为止，仍未有完整的实质性计划，这为我国在这一领域主导业界标准、实现跨越发展提供了宝贵机遇。

(1) 欧洲

欧美各国积极推进国际合作并组建合作机构，2001 年 MOST (Molten Salt&Molten Salt Reactor Technology) 项目开始建立，由欧洲原子能共同体和其中 6 个国家参与，2004 年俄罗斯加入。MOST 计划针对世界上有关熔盐堆发展状况，评价了 3 个嬗变和 2 个增殖的熔盐堆概念设计：TIER、AMSTER-I、SPHINX、MSBR、AMSTER-B。随后启动了 ALISIA（2006 年）、SUM0（2009 年）、EVOL（2011 年）和 SAMOFAR（2015 年）等研究项目，对欧盟熔盐堆路线的基准设计 MSFR（Molten Salt Fast Reactor）开展初始设计和安全方案优化、可行性评估及关键技术研发。

法国科学研究中心（CNRS）对熔盐堆的研究始于 1997 年，在重新验证及研究美国 MSBR 设计的基础上，提出了 MSFR 设计，其堆芯设计的主要方向为无石墨慢化、增加径向再生盐、利用快中子能谱。MSFR 在燃料循环时候采取 ^{233}U 启动和超铀元素启动 2 种方式，具有非常大的负反馈系数、较大的增殖能力和简单的燃料循环模式，能够焚烧其他反应堆内产生的超铀元素。

(2) 俄罗斯

俄罗斯为实现轻水堆乏燃料中超铀核素的高效嬗变，提出不使用 U-Th 循环，而是采用超铀元素作为燃料的熔盐堆，建立用于燃烧 Pu 和 MAs 的 MOSART 堆，其堆芯内部无任何固体构件，有较高的可控性和安全性，系统具有内在的动力学稳定性，只需适中的反应性控制能力就可以控制。MOSART 堆热功率为 2 400 MW，使用均匀的熔盐体系，有足够的负反应性温度系数。在 100 年的运行周期中，对超铀核素的设计嬗变效率可以达到 0.83。

（3）日本

日本 FUJI 熔盐堆的概念设计来源于美国 ORNL 的 MSBR 设计，FUJI-12 拥有和 MSBR 相同的熔盐燃料，但在某些方面它不同于 MSBR 的设计，如不需要在线的燃料处理工厂、具有较低的额定功率等。FUJI-12 热功率为 350 MW，剩余反应性较小，仅在熔盐燃料通过石墨慢化剂的空道时才能达到临界，安全事故容易探测，运行期间仅少量的熔盐燃料需要添加，几乎可以实现核燃料的自持循环。

（4）加拿大

加拿大的 TEI 公司（Terrestrial Energy Inc.）于 2013 年提出热功率为 80～600 MW 的小型模块化堆 IMSR（Integral Molten Salt Reactor）设计。IMSR 采用石墨作为慢化剂，采用低富集铀作为燃料，采用紧凑的可替换堆芯，运行温度为 700 ℃。IMSR 无在线后处理，堆芯内累积的气体和其他裂变产物连同熔盐在堆芯替换时进行离线处理或者长期存储。正常运行时，IMSR 依靠功率负反馈实现反应性控制的内在稳定。

（5）英国

英国 Moltex 公司提出了 SSR（Stable Salt Reactor）设计，热功率为 150 MW，属池式反应堆，最大的特点是燃料盐处于静态，不流动，无需泵或其他设施控制流速。燃料取自乏燃料，可用于焚烧长寿命锕系元素。燃料盐的生产通过多级还原萃取（金属铋）过程；冷却氟盐方便可得且便宜。

（6）美国

2001—2003 年期间，美国依靠其雄厚的科学技术积累，结合高温制氢等核能综合利用的需求，由美国橡树岭国家实验室（ORNL）、桑地亚国家实验室（SNL）和加利福利亚大学伯克利分校（UCB）共同发展和提出熔盐堆家族的新成员——固态燃料熔盐堆概念，即为先进高温堆（Advanced High Temperature Reactor，AHTR)，也可称为氟盐冷却高温堆（Floride Salt-Cooled High Temperature Reactors，FHRs)，其核心特点是使用氟盐冷却技术和包覆颗粒燃料技术，同时又继承和发展了其他反应堆的众多优点和技术基础，包括液态熔盐堆的合金结构材料技术、高温气冷堆的布雷顿循环技术和液态金属反应堆的非能动衰变热排出技术等，具有良好的经济性、安全性、可持续性和防核扩散性，其商业化在当前技术基础条件下具有极高的可行性。

2003 年以来，ORNL、SNL 和 UCB 等参与的研究团队发展了固态燃料熔盐堆的各种概念，并进行了棱柱形燃料先进高温堆、棒状燃料先进高温堆、球床先进高温堆和板状燃料先进高温堆 4 种具体设计，2009 年完成了 900 MW 氟盐冷却高温反应堆设计，堆芯为环形设计，半径 240 cm，高度 300 cm，中心位置放石墨柱，功率密度约 20～30 MW/m^3；燃料为 $UC_{0.5}O_{1.5}$，使用 3 cm 的铀燃料球及可增殖的 Th 球，数目约为 300 万个；冷却剂为 $2LiF\text{-}BeF_2$。2010—2011 年期间，ORNL 进行了板型氟盐冷却高温反应堆的设计，包括热功率为 3 400 MW 和 125 MW 2 种，设计采用板型燃料元件，以充分利用熔盐优异的传热性质，提高堆芯比功率。

2011 年，美国能源部开始启动固态燃料熔盐堆前期研究计划（Integrated Research Project)，MIT、UCB、Wisconsin 参加，ORNL、INL、West-wood 合作参与，将 2009 年 UCB 等提出的 900 MW球床氟盐冷却高温反应堆定为基准设计，在此基础上讨论氟盐冷却高温反应堆的发展战略，拟定关键问题和技术路线，同时考虑试验堆和商用堆设计。2016 年 1 月 15 日，美国能源部揭晓了美国先进堆研发的“悬赏”名单，以南方电力公司牵头，联合泰拉能源公司和 ORNL 等提出的液态燃料熔盐堆成为获得资助的 2 个项目之一。

5.2.2 我国发展情况

2011 年，围绕国家能源安全与可持续发展需求，中国科学院启动了“未来先进核裂变能”战略性先导科技专项，钍基熔盐堆（Thorium Molten Salt Reactor，TMSR）核能系统作为其两大部署内容之一，计划用 20 年左右的时间，致力于研发第四代先进裂变反应堆核能系统，实现核燃料多元化、防止核扩散和核废料最小化等战略目标。TMSR 核能系统项目包括钍铀核燃料的制备、钍基熔盐堆建设和燃料（废料）处理等内容，具备 3 个基本特征：一是利用钍基燃料，二是采用熔盐冷却，三是基于高温输出的核能综合利用系统。建立基于熔盐堆的先进钍基核能系统，不仅可实现核燃料多元化，确保我国核电长期发展和促进节能减排，还可以防止核扩散和实现核废料最小化，为和平利用核能开辟一条新途径。TMSR 发展渐进目标如图 5-1 所示。

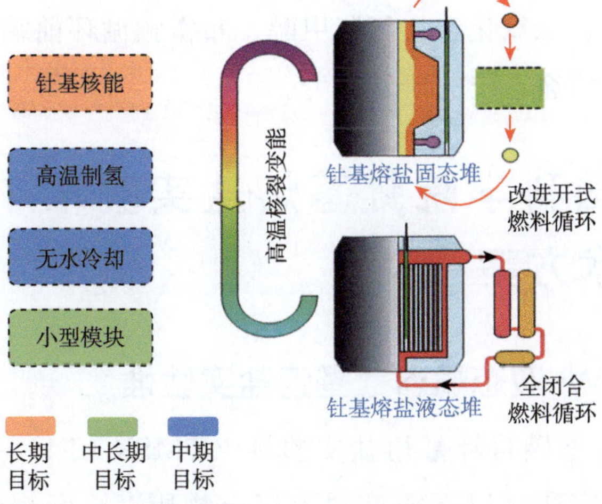

图 5-1 TMSR 发展渐进目标

TMSR 核能专项采取了兼顾钍资源利用与核能综合利用两类重大需求，对固态熔盐堆和液态熔盐堆 2 种堆型研发同时部署、相继发展的技术路线，最终实现核能综合利用、干旱地区能源供应和钍基核燃料高效利用，立足核能发展赢得先机，为保障国家能源安全和促进节能减排提供一个切实可行的解决方案。2021 年，液态燃料钍基熔盐实验堆主体工程完工；拟在 2030 年左右建成包括“固态熔盐堆”和“液态熔盐堆”的中试系统，在国际上率先实现 TMSR 的系统验证和应用；解决相关的科学问题和技术问题，发展和掌握相关核心技术，力争到 2040 年实现商业化。

TMSR 核能专项近期的科技目标由两部分组成：一是建成钍基熔盐实验堆，并形成支撑未来发展的若干技术研发能力，将分别建成结合后处理技术的 2 MW 液态燃料钍基熔盐堆和世界上首座 10 MW 固态燃料钍基熔盐堆；二是形成支撑未来 TMSR 核能系统发展的若干技术研发能力，包括钍基熔盐堆设计和研发能力、熔盐制备和回路技术研发能力、钍铀燃料的前段技术与后段技术研发能力、熔盐堆用高温材料的研发能力、熔盐堆安全规范制定和许可证申办能力，以及高温电解制氢、二氧化碳加氢制甲醇、布雷顿循环前端及太阳能熔盐集热传热等多用途系统的研发能力。

5.3 中国科学院钍基熔盐实验堆 TMSR-LF1 技术方案

5.3.1 2 MWt 液态燃料钍基熔盐实验堆

2 MWt 液态燃料钍基熔盐实验堆（TMSR-LF1）是由中科院上海应用物理研究所（以下简称“上海应物所”）牵头建造的，也是 2011 年中科院启动的未来先进核裂变能战略性先导科技专项——钍基熔盐堆核能系统项目的研究成果之一，该专项投资 20 多亿元。

TMSR-LF1 是世界上首个使用钍铀燃料的熔盐堆，也是世界上第二个建成的熔盐堆，第一个为美国橡树岭国家实验室建造7.4 MW热功率的液态燃料熔盐实验堆。TMSR-LF1 位于甘肃省武威市红砂岗镇的钍基熔盐堆核能系统试验基地内，该基地规划建设 TMSR-LF1、10 MW 热功率固态燃料熔盐实验堆、干法后处理中心及配套设施。上海应物所于 2016 年 12 月启动 TMSR-LF1 设计工作，2017 年 12 月完成初步设计，2019 年 10 月完成主体装置厂房负挖，2021 年 3 月主体装置厂房浇筑首罐混凝土。由于堆容器吊装工作延迟，原计划 2021 年 7 月完成的堆容器吊装工作推迟至 2022 年 1 月完成。根据环评报告计划的时间节点计算，TMSR-LF1 所有设备安装工作由 2021 年 9 月推迟至 2022 年 3 月完成，首次装料时间由 2021 年 12 月推迟至 2022 年 6 月。2023 年 6 月，TMSR-LF1 获得国家核安全局颁发的运行许可证。TMSR-LF1 只产生热，不做发电使用。

TMSR-LF1 的主要目的是进行钍基核能系统和熔盐堆的钍铀转换、中子学和热工水力等原理验证工作，以及关键技术、设备与材料、熔盐化学等技术验证工作。TMSR-LF1 堆芯进/出口温度分别为 630 ℃/650 ℃，一回路熔盐为 $LiF\text{-}BeF_2\text{-}ZrF_4$，燃料是液态 $LiF\text{-}BeF_2\text{-}UF_4$ 氟盐铀燃料。该燃料由上海应物所在武威基地的厂房内混合制成，中核北方核燃料元件有限公司提供了 UF_4 产品。在利用钍资源时，TMSR-LF1 使用的是 $LiF\text{-}BeF_2\text{-}UF_4\text{-}ThF_4$ 铀钍液态燃料，4 种氟盐的摩尔百分比分别为 71.6％、16％、12％、0.4％。TMSR-LF1 使用 2 个空气冷塔进行冷却，结构示意图如图 5-2 所示，主要参数如表 5-1 所示。

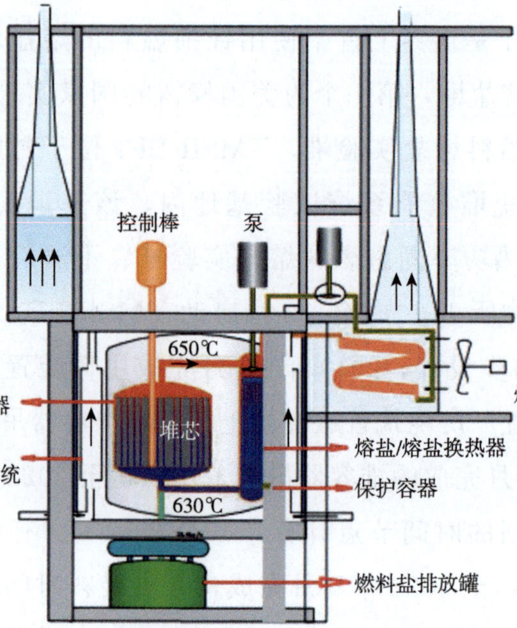

图 5-2 TMSR-LF1 结构示意图

表 5-1 TMSR-LF1 主要参数表

堆型	液态燃料钍基熔盐堆，回路式
热功率	2 MW
回路数目	2 个
反应堆进口温度	630 ℃
反应堆出口温度	650 ℃
燃料管理	1. 初始运行燃料：LiF-BeF_2-UF_4 2. 钍铀燃料：LiF-BeF_2-UF_4-ThF_4 3. 在线添加的燃料：LiF-UF_4
燃料富集度	19.75%（质量百分比）

续表

堆型	液态燃料钍基熔盐堆，回路式
二回路冷却剂	FNaBe
装料/卸料	依靠机械装卸燃料盐
反应性控制方式	控制棒＋排空燃料盐
正常停堆余热排出	通过一二回路及空气散热器
事故情况余热排出	1. 通过一二回路 2. 空气自然循环非能动余热排出系统，40 kW 3. 燃料盐排放罐的冷却子系统，40 kW
中子慢化体/反射体	石墨

5.3.2　中国科学院钍基熔盐堆核能系统战略性先导科技专项

该先导专项的目的是支持研发钍基熔盐堆，实现钍资源高效利用。液态燃料熔盐堆适合钍铀燃料循环，固态燃料熔盐堆适合核能制氢等核能综合利用。根据上海应物所预测（不断调整），固态堆预计最快在 15～20 年内实现应用，液态堆研发时间约为 30 年。该先导专项采取固态堆和液态堆同时部署、相继发展的发展战略，近期目标是建成 TMSR-LF1 并实现钍铀燃料循环实验验证和世界首个 10 MW 固态燃料熔盐实验堆（后者将被纳入国家重大科技基础设施）。TMSR 科研队伍目前有 700 多人。截至 2023 年年底，初步梳理取得如下重要进展与成果。

1. 建设一批原型系统

提出基于液态熔盐堆的钍铀燃料循环方案设计，初步确定后处理流程并实现工艺段冷态贯通；建成世界第一个工程规模的氟盐回路实验装置——TMSR 仿真装置（TMSR-SF0）；建成 TMSR-LF1 主体厂房工程，完成 10 MW 固态燃料熔盐实验堆工程设计；完成实验堆的Ⅱ类堆论证并获得国家核安全局批复，在国际上首次成功开展熔盐自然循环实验，验证了 TMSR 的固有安全性。

2. 取得一批核心技术突破

首创高丰度^{7}Li 和核纯钍萃取离心分离技术；掌握了高纯度氟盐制备与检测技术；掌握了镍基合金—GH3535 批量生产、加工和焊接工艺；研发成功液态熔盐堆用高致密细颗粒核石墨；发展了氟盐腐蚀控制技术；发展了基于氟盐体系的干法分离技术；掌握了熔盐堆氚控制关键技术。

上海应物所牵头钍基熔盐堆核能系统专项研发工作，上海有机所、上海高研院、长春应化所、金属所等 10 家单位参与其中。另外，多个高校、科研机构、设备制造商参与相关工作，如原子能院参与核能基础研究工作，核动力院参与核岛设计和燃料研发工作，中核北方核燃料元件有限公司提供了铀产品，中核工程参与主体厂房、废物厂房和工程厂房等 10 个子项设计及环评编制工作。

5.4 尚需深入开展的工作

5.4.1 钍基熔盐堆核能系统需验证经济可行性

2 MWt 液态燃料钍基熔盐实验堆（TMSR-LF1）于 2023 年 6 月 7 日获得由国家核安全局颁发的运行许可证，主要用于钍铀转换、中子学和热工水力等原理验证工作，以及关键技术、设备和材料等技术验证工作。2014 年加钍运行成功测到^{233}U，标志着钍基熔盐堆工艺验证成功。全球钍基熔盐堆设计、建造和运行等经验很少，其经济性等还需验证。从目前各堆型技术发展状态看，钍基熔盐堆绝对优势不明显，作为四代核能发展主力堆型尚缺乏支撑条件。

5.4.2　钍铀燃料循环技术有待成熟

目前，国际上铀钚燃料循环工业体系已经比较完整和成熟，而且还在不断地改进和发展，并通过发展快中子堆以解决铀资源不足的问题。与相对成熟的铀钚燃料循环体系相比，钍铀燃料循环的研究开发尚不成熟。另外，目前尚没有国家对钍铀燃料循环进行过全面、系统和较大规模的研究开发，其离工业化应用尚有距离，需要持续开展科研与验证工作。

附录：缩略语及其释义

（1）ADS：Accelerator Driven Sub-critical System 加速器驱动次临界系统

（2）AECL：Atomic Energy of Canada Limited 加拿大原子能有限公司

（3）AHWR：Advanced Heavy Water Reactor 先进重水反应堆

（4）AVR：Arbeitsgemeinschaft Versuchsreaktor 实验反应堆联合体，德国高温气冷实验堆

（5）BARC：Bhabha Atomic Research Centre 印度巴巴原子研究中心

（6）BNL：Brookhaven National Laboratory 布鲁克海文国家实验室

（7）CANDU：CANada Deuterium Uranium 加拿大坎杜堆

（8）CEA：Commissariat *à* l´énergie atomique et aux énergies alternatives 法国替代能源和原子能委员会

（9）CIRUS：Canada-India Reactor Uranium System 加拿大-印度合建的重水慢化研究反应堆

（10）DOE：Department of Energy 美国能源部

（11）DUPIC：Direct Use of Spent PWR Fuel in CANDU Reactors 一种核燃料循环技术，旨在将压水堆产生的乏燃料直接加工后用于坎杜堆中，实现核燃料的重复利用

（12）ECCS：Emergency Core Cooling System 应急堆芯冷却系统

（13）EDF：Électricité de France 法国电力集团

（14）FBTR：Fast Breeder Test Reactor 快中子增殖试验反应堆

（15）FUJI-MSR：Fuji Molten Salt Reactor 日本富士熔盐反应堆

（16）GIF：Generation IV International Forum 第四代反应堆国际论坛

（17）GT-MHR：Gas Turbine-Modular Helium Reactor 棱柱燃料模块式氦气冷反应堆

（18）HEU：High Enriched Uranium 高浓铀

（19）IAEA：International Atomic Energy Agency 国际原子能机构

（20）IHTR：Innovative High Temperature Gas-cooled Reactor 创新型高温气冷反应堆

（21）IMSR：Integral Molten Salt Reactor 一体化熔盐反应堆

（22）IPPE：Institute of Physics and Power Engineering 俄罗斯联邦国家科学中心

（23）ITEP：Institute for Theoretical and Experimental Physics 莫斯科理论与实验物理研究院

（24）JAEC：Japan Atomic Energy Commission 日本原子能委员会

（25）JAERI：Japan Atomic Energy Research Institute 日本原子能研究所

（26）LEU：Low Enriched Uranium 低浓铀

（27）LOCA：Loss of Coolant Accident 冷却剂丧失事故

（28）MA：Minor Actinide 次锕系核素

（29）MIT：Massachusetts Institute of Technology 麻省理工学院

（30）MOSART：Molten Salt Actinide Recycler & Transmuter 熔盐嬗变堆

（31）MOX：Mixed Oxide 混合氧化物

（32）MSBR：Molten Salt Breeder Reactor 熔盐增殖反应堆

（33）MSFR：Molten Salt Fast Reactor 熔盐快堆

（34）MSRE：Molten Salt Reactor Experiment 熔盐实验反应堆

(35) NERI：Nuclear Energy Research Initiative 核能研究与发展计划
(36) NRU：National Research Universal Reactor 加拿大国家研究通用反应堆
(37) ORNL：Oak Ridge National Laboratory 橡树岭国家实验室
(38) PBMR：Pebble Bed Modular Reactor 球床模块反应堆
(39) PCV：Primary Containment Vessel 主安全壳容器
(40) PCCV：Prestressed Concrete Containment Vessel 预应力混凝土安全壳容器，是 PCV 的工程实现形式
(41) PFBR：Prototype Fast Breeder Reactor 快中子增殖反应堆
(42) PHWR：Pressurized Heavy Water Reactor 加压重水反应堆
(43) Purdue：Purdue University 普渡大学
(44) PWR：Pressurized Water Reactor 压水反应堆
(45) RTF：Radkowski Thorium Fuel 拉德考斯基钍燃料
(46) SBU：Seed-Blanket Unit 燃烧—增殖燃料组件单元
(47) SEU：Slightly Enriched Uranium 微浓铀
(48) SNL：Sandia National Laboratories 桑迪亚国家实验室
(49) TBP：Tributyl phosphate 磷酸三丁酯
(50) THOREX ：Thorium Extraction Process 钍萃取流程
(51) THTR：Thorium High Temperature Reactor 钍基高温反应堆
(52) TMSR：Thorium Molten Salt Reactor 钍基熔盐反应堆
(53) TRISO：Tri-structural Iso-tropic 三元结构各向同性
(54) UCB：University of California，Berkeley 美国加州大学伯克利分校
(55) VHTR：Very High Temperature Reactor 超高温气冷反应堆
(56) WASB：Whole Assembly Seed-Blanket 一体式燃烧—增殖组件
(57) ZPCF：Zero Power Critical Facility 零功率临界装置

参考文献

[1] 曾天元. 我国钍资源利用及其放射的防护［J］. 稀土信息，2001（7）：6-9.

[2] 林双幸，张铁岭. 加快钍资源开发，促进我国核能可持续发展［J］. 中国核工业，2016（1）：32-37.

[3] 张书成，刘平，仉宝聚. 钍资源及其利用［J］. 世界核地质科学，2005，22（2）：98-103.

[4] 仉宝聚，张书成. 钍矿成矿特征与地质勘查［J］. 世界核地质科学，2005，22（4）：203-210.

[5] 中国科学院部. 钍的核能利用研究［J］. 中国科学院院刊，2007，22（4）：303-306.

[6] NEA. Advanced technology answers to the climate challenge: The vital importance of nuclear science and technology education[M]. Paris: OECD Publishing, 2022. https://www.oecd-nea.org/jcms/pl_76565/advanced-technology-answers-to-the-climate-challenge-the-vital-importance-of-nuclear-science-and-technology-education.

[7] 王成，宋继叶，张晓，等. “两碳目标”下铀资源的保障能力及应对策略［J］. 铀矿地质，2021，37（5）：765-774.

[8] 车长波，高煖. 高效清洁安全廉价的新能源：钍［J］. 紫光阁，2014（3）：74-75.

[9] 李良才. 钍，可期待的核燃料［J］. 稀土信息，2022（8）：

14-18.

[10] 中国稀土学会. 钍其实并不“土” [J]. 稀土信息，2019（11）：25-27.

[11] 顾忠茂. 钍资源的核能利用问题探讨 [J]. 核科学与工程，2007，27（2）：97-105.

[12] 郑周平，杨永中，谭建祖. 安徽省钍资源状况及其利用 [J]. 西部探矿工程，2019（5）：117-121.

[13] 徐光宪，师昌绪，王淀佐，等. 关于保护白云鄂博矿钍和稀土资源 避免黄河和包头受放射性污染的紧急呼吁 [J]. 院士与学部，2005，20（6）：448-450.

[14] IAEA. World thorium occurrences，deposits and resources [R]. Vienna：IAEA，2019：1-113.

[15] World Nuclear Association. Thorium [R/OL]. [2020-11-15]. https://www.world-nuclear.org/information-library/current-and-future-generation/thorium.aspx.

[16] NEA,IAEA. Uranium 2020：Resources，production and demand [R]. Paris：OECD，2020：1-479.

[17] 李春龙，徐广尧. 关于包头钍资源战略储备的剖析 [J]. 稀土，2014，35（4）：115-118.

[18] 孟艳宁，范洪海，王凤岗，等. 中国钍资源特征及分布规律 [J]. 铀矿地质，2013，29（2）：86-92.

[19] GREAVES E D. Impacto，Venezuela's Thorium Deposit [C] // IAEA Technology Meeting on World Thorium Resources，India. Vienna：IAEA，2011.

[20] 曾天元. 我国钍资源利用机器放射的防护 [J]. 稀土信息，2001（7）：6-8.

[21] 石秀安，胡永明. 我国钍燃料循环发展研究 [J]. 核科学与工程，2011，31 (3)：281-288.

[22] 仇若萌，高寒雨，蔡莉，等. 印度钍铀燃料循环发展现状 [J]. 国外核新闻，2020 (7)：26-29.

[23] 张锐平，汪永平，张雪. 国外钍资源核能开放利用策略研究及对我国的启示 [J]. 核科学与工程，2011，31 (4)：365-371.

[24] 孟艳宁，范洪海，陈金勇. 广东省电白区滨海砂矿型钍资源成矿特征 [J]. 世界核地质科学，2022，39 (3)：469-477.

[25] 陈金勇，范洪海，孟艳宁，等. 钍的地球化学性质与资源分布概述 [J]. 南华大学学报（自然科学报），2022，36 (1)：52-57.

[26] 华经产业研究院. 2022 年中国钍资源产量、市场规模、需求量及进出口情况分析 [R/OL]. [2022-07-13]. https://caifuhao.eastmoney.com/news/20220713142036384628720.

[27] 王艺锭，熊旭. 白云鄂博矿钍资源回收利用不能再等了 [N/OL]. 科技日报. [2016-08-10]. http://scitech.people.com.cn/n1/2016/0810/c1057-28624413.html.

[28] 中国科学院. 中国核燃料循环技术发展战略报告 [M]. 北京：科学出版社：2018.

[29] 周明胜，姜东君，戴兴建，等. 核燃料循环导论 [M]. 北京：清华大学出版社：2016.

[1] [illegible]郭永明. 数字经济背景下[illegible]创新研究[J]. [illegible], 2021, 31(6): 281-288.
[2] 张[illegible], 高[illegible], 林[illegible]等. 中[illegible][J]. 统计与决策, 2022(7): 17-23.
[3] 张[illegible], 郑[illegible], 等. [illegible][J]. [illegible], 2017, 31(4): 367-374.
[4] [illegible][J]. [illegible], 2019, 39(3): 40-47.
[5] [illegible][J]. [illegible], 2022, 38(4): [illegible].
[6] 前瞻产业研究院. 2022年中国[illegible]产业[illegible][EB/OL]. (2022-07-13)[illegible]. https://[illegible]2022/0718[illegible]8838162826.html
[7] [illegible][N]. [illegible], 2018-03-10. http://[illegible].people.com.cn/n1/2018/0310/c1001-29858010.html.
[8] 中国[illegible]报告[R]. 北京: [illegible], 2018.
[9] [illegible][M]. 北京: [illegible]出版社, 2016.